Happa Khan
Mohd. Yunus Sheikh
Jitender Yadav

Analiza CFD Nano Czynnika Chłodniczego

Happa Khan
Mohd. Yunus Sheikh
Jitender Yadav

Analiza CFD Nano Czynnika Chłodniczego

Analiza CFD: Przepływ nanokomórkowego czynnika chłodniczego w układzie chłodniczym

Wydawnictwo Bezkresy Wiedzy

Cover image: www.ingimage.com

Publisher:
Wydawnictwo Bezkresy Wiedzy
is a trademark of
International Book Market Service Ltd., member of OmniScriptum Publishing Group
17 Meldrum Street, Beau Bassin 71504, Mauritius

Printed at: see last page
ISBN: 978-620-0-54371-4

Drogi czytelniku,

książka, którą posiadasz, została pierwotnie wydana pod tytułem
" CFD Analysis : Flow of Nano Refrigerant in Refrigeration System",
ISBN 978-613-9-46286-5.

Jego publikacja w języku polskim jest możliwa dzięki zastosowaniu najbardziej zaawansowanej sztucznej inteligencji dla języków.

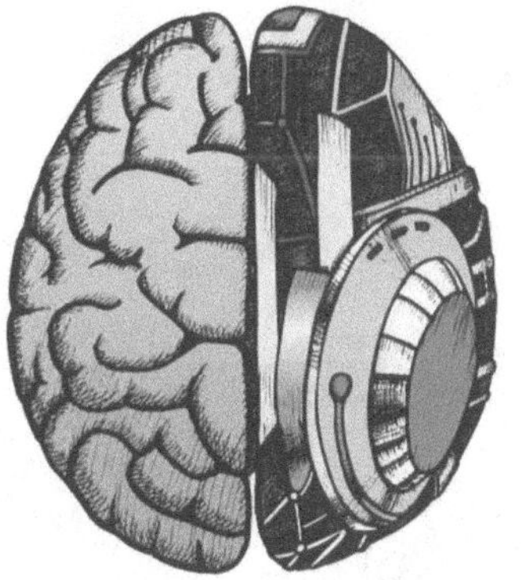

Technologia ta, uhonorowana pierwszą w historii Honorową Nagrodą Sztucznej Inteligencji w Berlinie we wrześniu 2019 r., naśladuje sposób działania ludzkiego mózgu, dzięki czemu jest w stanie uchwycić i przetłumaczyć nawet najmniejsze niuanse w bezprecedensowy sposób.

Mamy nadzieję, że znajdą Państwo wiele satysfakcji z tej książki i uprzejmie prosimy o uwzględnienie wszelkich rozbieżności językowych, które mogłyby wyniknąć z tego procesu.

Miłego czytania!

Wydawnictwo Bezkresy Wiedzy

Nomenklatura

K	Przewodność elektryczna
cp	Ciepło właściwe (kj/kg/K)
ρ	Gęstość zaludnienia
μ	Lepkość dynamiczna
M	Masa cząsteczkowa
L	Długość (m)
d	Średnica (mm)
A	Powierzchnia przekroju poprzecznego (m2)
Re	Numer Reynoldsa
T	Temperatura (K)
P	Ciśnienie, Pa
m	Wysokość opłaty (g)
Mo	Masowe natężenie przepływu,
f	Współczynnik tarcia
v	Prędkość (m/s)
C	Ułamek masy

Subskrypty

Cd	Skraplacz
e	Parownik
c	Kompresor
l	Liquid
P	arofora
Na stronie	Wlot
O	utlet
Sat	Nasycenie

Skrót

CFD	Obliczeniowa dynamika płynów
FEM	Metoda elementów skończonych
FEM	Metoda elementów skończonych
FVM	Metoda skończonej objętości
FVM	Metoda skończonej objętości
PDE	Częściowe równanie różniczkowe
COP	Współczynnik wydajności
ODP	Potencjał wyczerpywania się ozonu
GWP	Współczynnik ocieplenia globalnego
VOF	Objętość płynu

ABSTRACT

W dzisiejszym świecie systemy chłodnicze odgrywają ważną rolę w zaspokajaniu ludzkiego komfortu, a kilku badaczy stale przeprowadza analizy w celu poprawy ich wydajności. W zastosowaniach chłodniczych i grzewczych, termofizyczne właściwości fizyczne materii odgrywają doskonałą rolę. Ustalono, że wydajność tych systemów zależy głównie od przewodności cieplnej, lepkości, ciepła właściwego i gęstości cieczy (cieczy i gazów), które są w nich wykorzystywane. Standardowe płyny mają słabą zdolność przekazywania ciepła i niską przewodność cieplną, co ogranicza ich wydajność. Systemy chłodnicze wykorzystujące sprężanie par zużywają energię wysokiej jakości i przyczyniają się do globalnego ocieplenia i zubożenia warstwy ozonowej z powodu czynników chłodniczych, które nie są przyjazne dla środowiska. Czysta substancja R152a ma doskonałe właściwości termofizyczne i wydajność chłodniczą, ale nie jest szeroko stosowana ze względu na jej łatwopalność w ograniczonej przestrzeni. Najczęściej stosowany domowy czynnik chłodniczy R134a i sprawdzony alternatywny czynnik chłodniczy R152a jest mieszany w celu przygotowania hybrydowego lub ekologicznego czynnika chłodniczego. Ponadto zmieszaliśmy Al2O3nano-cząsteczki z mieszaniną R134a+ R152a, a następnie przyjęliśmy 20% Al2O3 i 80% R134a + R152a jako nano-chłodnik do naszego numerycznego dochodzenia. Właściwości czynnika chłodniczego, hybrydowego czynnika chłodniczego i nano-chłodni są badane w różnych stężeniach. Wyniki CFD zostały zatwierdzone na podstawie danych doświadczalnych Chen et al i CFD Ingle et al. Czynnik chłodniczy R12 jest wykorzystywany do zatwierdzania kodów CFD i dalszego badania charakterystyki przepływu czynnika chłodniczego jako R134a, hybrydowego czynnika chłodniczego jako R134a+R152a i nanohybrydowego czynnika chłodniczego jako R134a+R152a+Al2O3, takich jak porównawcze zmiany w spadku ciśnienia, spadku temperatury, frakcji objętościowej pary i masowego natężenia przepływu wzdłuż adiabatycznej rurki kapilarnej. Wynik pokazuje maksymalny spadek temperatury i maksymalny spadek ciśnienia w przypadku nano-chłodni R134a+R152a+ Al2O3.

Słowa kluczowe: Obliczeniowa dynamika płynów, objętość płynu, ANSYS FLUENT 18.2, Adiabatyczna rurka kapilarna, R12, R134a, R152a, Al2O3, ODP, GWP.

Rozdział 1

WPROWADZENIE

1.1 Wprowadzenie:

Kompresyjny system chłodzenia parowego (VCRS) jest procesem stosowanym do usuwania nadmiaru ciepła ze środowiska wewnętrznego w celu zapewnienia komfortu cieplnego. W najczęściej stosowanych lodówkach i systemach klimatyzacyjnych stosuje się tradycyjną chłodnię parową. Wysokie zużycie energii jest jednak wysokie. VCRS odpowiada za około 30% całkowitego światowego zużycia energii [1] Istnieją różne procesy, które kontrolują chłodzenie powietrza, ogrzewanie, wentylację lub właściwości powietrza (temperatura, wilgotność, prędkość i czystość) w celu zmiany warunków środowiska wewnętrznego. System VCR jest przeznaczony do sterowania lub zmiany temperatury systemu w określonym przedziale czasu; zazwyczaj cały system pracuje w cyklu chłodniczym, zapewniając komfortowe chłodzenie lub ogrzewanie w określonej strefie lub budynku. Segmenty układu VCR składają się ze sprężarek, skraplaczy, parownika i zaworów rozprężnych, schemat systematyczny układu VCR przedstawiono na rysunku 1.1. Kompresja służy do zwiększenia pożądanego ciśnienia cieczy roboczej (zwanej czynnikiem chłodniczym) z parownika do ciśnienia skraplacza. Z reguły czynnik chłodniczy jest wykorzystywany do usuwania ciepła z instalacji i jest odprowadzany do środowiska zewnętrznego za pomocą skonsolidowanego urządzenia[2].

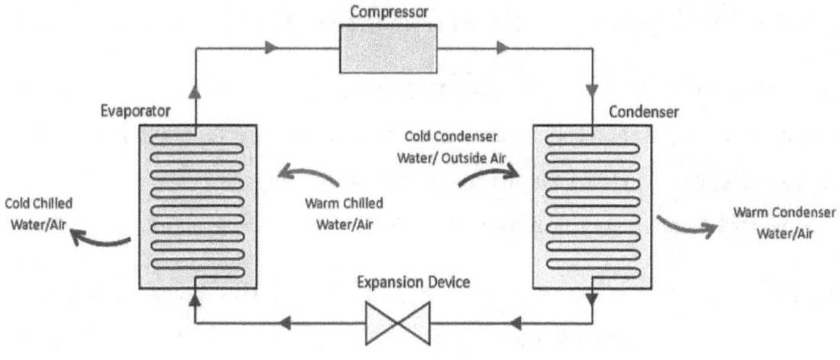

Rys. 1.1 Układ chłodniczy z kompresją pary[2]

Skuteczność termodynamiczna ramy chłodniczej zależy od jej temperatury roboczej. Wybór czynnika chłodniczego zależy jednak od konstrukcji układu, niezawodności jego wielkości, kosztów eksploatacji, bezpieczeństwa i możliwości konserwacji. Przy wyborze czynnika chłodniczego w układzie bierze się pod uwagę kwestie środowiskowe, takie jak zubożenie warstwy ozonowej, globalne ocieplenie i relacje z różnymi problemami. Wymiana istniejących czynników chłodniczych na nowe i mieszanie innych ekologicznych czynników chłodniczych jest kosztowną propozycją dla niektórych zmian w projektowaniu i produkcji układów chłodniczych. Dlatego ważne jest, aby zrozumieć te kwestie przy doborze efektywnych czynników chłodniczych i stosowaniu ich w układzie [3].

1.2 Czynniki chłodnicze

Czynnik chłodniczy jest główną cieczą roboczą używaną do pochłaniania i przekazywania ciepła wykorzystywaną w układach chłodniczych. Czynnik chłodniczy absorbuje ciepło w niskiej temperaturze i emituje ciepło przy wyższych temperaturach i ciśnieniach w agregacie skraplającym. Większość czynników chłodniczych powoduje zmianę fazy pomiędzy absorpcją ciepła - parowaniem i kondensacją ciepła[4].

Jak wiemy, zubożenie warstwy ozonowej i globalne ocieplenie są nadal jednym z głównych problemów środowiskowych, z którymi świat boryka się od lat 30. ubiegłego wieku. Substancje chemiczne zawierające chlorofluorowęgiel (CFC) były szeroko stosowane jako czynniki chłodnicze i w latach 80-tych XX wieku naukowcy zaobserwowali, że substancje CFC nie tylko uszkadzają warstwę ozonową atmosfery, ale także wywołują efekt cieplarniany na Ziemi oraz silnie wpływają na środowisko telluryczne i zdrowie człowieka [4]. W związku z wprowadzeniem protokołu montrealskiego i protokołu z Kioto, jako alternatywę dla CFC12 powszechnie stosuje się 1,1,1,2-tetrafluoroetan (HFC134a), izobuten (HC600a) i czynnik chłodniczy 1,1-difluoroetan (HFC152a) [5].

HFC134a jest najczęściej stosowanym alternatywnym czynnikiem chłodniczym w domowych lodówkach, samochodach, klimatyzacji i urządzeniach komercyjnych. Zoptymalizowana chłodziarka domowa ładowana za pomocą HFC134a ma również pewne zalety związane z rozmową energetyczną. Jednak współczynnik ocieplenia szklarniowego (GWP) HFC134a jest stosunkowo bardzo wysoki [4].

Proponowany przez naukowców mieszający czynnik chłodniczy HFC152a jest szeroko stosowany w krajowych lodówkach w Chinach i krajach europejskich. Czysta substancja HFC152a ma doskonałe właściwości termofizyczne i wydajność chłodniczą, ale nie jest szeroko stosowana ze względu na jej łatwopalność w ograniczonej przestrzeni. W celu ograniczenia palności HFC152a i poprawy wydajności chłodniczej HFC152a przygotowuje się mieszaninę czynnika chłodniczego HFC152a z HFC134a i hybrydowym czynnikiem chłodniczym. Ten hybrydowy czynnik chłodniczy ma dobrą akceptację środowiska, dobre właściwości fizyczne i chemiczne, doskonałą wykonalność i rozmowy na temat energii, dwa składniki mieszaniny zostały w dużej mierze produkowane w Chinach i za granicą, i nie ma potrzeby syntezy nowej substancji [5].

Ponadto możemy mieszać nanocząstki takie jak tlenek glinu (Al2O3), tlenek miedzi (CuO) i tlenek cynku (ZnO) e.t.c. dla lepszego efektu chłodzenia w lodówkach i klimatyzacji [6].

1.2.1 Właściwości termofizyczne czynników chłodniczych

i. Ciśnienie ssania: W temperaturze parownika, układ powinien mieć ciśnienie nasycone, aby ułatwić wykrycie wtargnięcia powietrza i wilgoci oraz nieszczelności powyżej ciśnienia atmosferycznego. Im wyższe ciśnienie wdechowe, tym mniejsza wyporność sprężarki.

ii. Ciśnienie rozładowania: Przy określonej temperaturze skraplacza ciśnienie tłoczenia powinno być możliwie jak najmniejsze, aby umożliwić lekką konstrukcję, taką jak sprężarka lub skraplacz.

iii. Stosunek ciśnień: musi być jak najmniejszy ze względu na wysoką sprawność objętościową i niskie zużycie energii.

iv. Utajone ciepło parowania: wymagany przepływ masy na jednostkę wydajności chłodniczej powinien być jak największy, aby zmniejszyć.

v. Wskaźnik kompresji entropii: powinien być jak najmniejszy, aby wzrost temperatury podczas kompresji był niewielki.

vi. Ciepło właściwe dla pary powinno być wysokie, aby stopień przegrzania był niewielki.

vii. Przewodność cieplna: Przewodność cieplna zarówno cieczy jak i pary musi być wysoka ze względu na wyższy współczynnik przenikania ciepła [7-8].

1.2.2 Właściwości czynników chłodniczych w zakresie ochrony środowiska i bezpieczeństwa

W związku z tym bardzo ważna jest troska o środowisko i bezpieczeństwo, a także o środowisko naturalne.

Czynnik chłodniczy jest głównym czynnikiem określającym przydatność danego czynnika chłodniczego. Ważnym środowiskiem, w którym czynnik chłodniczy powinien być zerowy. Innymi słowy, muszą być to substancje nieszkodliwe dla ozonu. Czynnik chłodniczy o niezerowym ODP jest już wycofywany (np. R-11, R-12) lub jest wycofywany w najbliższej przyszłości (np. R-22). ODP, głównie dlatego, że zależy on od obecności chloru lub bromu w cząsteczce, czynnik chłodniczy posiadający chlor (tj. CFC i HCFC) lub brom nie może być stosowany zgodnie z nowymi przepisami[4]. Bezpieczeństwo obejmuje:

i. Potencjał wyczerpywania się ozonu (ODP): Zgodnie z protokołem montrealskim, ODP czynnika chłodniczego powinien wynosić zero. Innymi słowy, muszą być to substancje nieszkodliwe dla ozonu. Czynnik chłodniczy o niezerowym ODP jest już wycofywany (np. R-11, R-12) lub jest wycofywany w najbliższej przyszłości (np. R-22). ODP, głównie dlatego, że zależy on od obecności chloru lub bromu w cząsteczce, czynnik chłodniczy posiadający chlor (tj. CFC i HCFC) lub brom nie może być stosowany zgodnie z nowymi przepisami.

ii. Global Warming Potential (GWP): W celu zminimalizowania problemu globalnego ocieplenia, czynnik chłodniczy powinien być jak najmniejszy. Czynnik chłodniczy o wysokiej wartości GWP (np. R-134a), mimo że ODP wynosi zero, może być w przyszłości regulowany [4].

iii. Total Equivalent Warming Index (TEWI): TEWI uwzględnia zarówno bezpośredni (emisja do atmosfery) jak i pośredni (zużycie energii) wkład w globalne ocieplenie. Naturalnie, z punktu widzenia globalnego ocieplenia, preferowany jest czynnik chłodniczy o niskiej wartości TEWI [7].

iv. Toksyczność: W idealnym przypadku czynnik chłodniczy stosowany w układzie chłodniczym musi być nietoksyczny. Jednakże płyny nie zawierające powietrza mogą być nazywane toksycznymi, ponieważ ich stężenie jest wystarczająco wysokie, aby spowodować uduszenie [7].

v. Palność: Czynnik chłodniczy powinien być najlepiej niepalny i niewybuchowy. W przypadku łatwopalnych czynników chłodniczych należy zwrócić szczególną uwagę na unikanie wypadków.

vi. Stabilność chemiczna: Czynnik chłodniczy musi być stabilizowany chemicznie tak długo, jak długo znajduje się w układzie chłodniczym.

vii. Kompatybilność z powszechnie stosowanymi materiałami konstrukcyjnymi (zarówno metalowymi jak i niemetalowymi) [7].

1.3 Nanofluidy:

Nanofluidy to zawieszone w cieczy bazowej cząstki o wielkości od 0 do 100 nm.

Mają one właściwości termofizyczne różne od płynu bazowego z powodu dodatku cząstek metalu lub tlenku metalu w celu zwiększenia współczynników przewodzenia ciepła i konwekcji główną cechą nanopłynów jest zdolność do zwiększenia wymiany ciepła bez zmiany zachowania płynu bazowego Newtona z dodatkiem małych stężeń cząstek stałych. W celu lepszego zrozumienia zachowania się tych płynów i ich właściwości przeprowadzono testy eksperymentalne i numeryczne. Badania koncentrowały się na przewodności cieplnej, konwekcyjnym współczynniku przenikania ciepła, lepkości, zjawisku parowania, wpływie wielkości cząstek i optymalnej koncentracji cząstek.

Niektóre z proponowanych przez Choi i in. zalet stosowania nanofluidów to [4]:

- Duża powierzchnia właściwa, a co za tym idzie, większa powierzchnia wymiany ciepła pomiędzy cząsteczkami i cieczą.
- Wysoka stabilność dyspersji, w której dominuje ruch brunatny cząstek.
- Zmniejszenie mocy pompowania w porównaniu z cieczą bazową, w celu uzyskania równoważnego transferu ciepła.
- Zmniejszenie zatykania się cząstek w porównaniu z konwencjonalnymi zawiesinami, co sprzyja miniaturyzacji układu.
- Długotrwała stabilność dyspersji nanocząsteczek jest wyzwaniem technicznym mającym na celu zapobieganie akumulacji i sedymentacji cząstek. Należy również wziąć pod uwagę spadek ciśnienia i większą moc pompowania, aby określić wydajność Nanofluidów. Inne wyzwania obejmują wzrost lepkości przy większej koncentracji cząstek, niskie ciepło właściwe w porównaniu z cieczą bazową, przewidywanie przewodności cieplnej, wysokie koszty i procesy produkcyjne [9].

1.4 Nanofluidy Zastosowanie

Nanofluidy stanowią najważniejszą część zastosowań chłodzenia w wielu sektorach, w tym w transporcie, energetyce, produkcji i elektronice. Nanofluidy mogą być wykorzystywane do poprawy transferu ciepła i efektywności energetycznej różnych systemów cieplnych, w tym ważnych zastosowań pojazdów chłodniczych [11]. Niektóre zastosowania Nanofluidów zostały omówione poniżej:

1.4.1 Zastosowania w zakresie intensyfikacji wymiany ciepła

Od momentu powstania pomysłu na nanopłyny o kilkadziesiąt lat wstecz, możliwości nanopłyynów w zastosowaniach wymagających ciepłej wymiany stały się przedmiotem większej uwagi. Dotychczas ukazało się kilka prac przeglądowych wprowadzających zarysy różnych części nanopłynów, w tym planowanie i obrazowanie, procedury szacowania przewodnictwa cieplnego, hipotezę i model, właściwości termofizyczne[31]. Nanopłyny na bazie glikolu etylenowego(EG) zawierające tlenki, w tym MgO, TiO2, ZnO, Al2O3 i SiO2nanocząsteczki, a także wyniki badań wykazały, że nanopłyny MgO-EG mają niezrównane właściwości o najbardziej podwyższonej przewodności cieplnej i najmniejszej konsystencji [12].

1.4.2 Nanofluidy do zastosowań w biomedycynie

Nanofluidy mają wiele zastosowań w przemyśle biomedycznym. Na przykład, Nanofluidy są stosowane do efektywnego chłodzenia okolicy chirurgicznej i tym samym zwiększają szansę przeżycia pacjenta oraz zmniejszają ryzyko uszkodzenia narządów. W przeciwieństwie do chłodzenia, nanopłyny mogłyby być stosowane do wytwarzania wyższej temperatury wokół nowotworów, zabijając komórki nowotworowe bez wpływu na pobliskie zdrowe komórki [13].

1.4.3 Nanofluidy do zastosowań chłodniczych

Rozwój nowych technologii, takich jak wysoce zintegrowane urządzenia mikroelektroniczne, wyższa moc silnika oraz redukcja stosowanych płynów chłodzących stale zwiększających obciążenie cieplne, co wymaga rozwoju mocy chłodniczej. W związku z tym istnieje zapotrzebowanie na nowe płyny do wymiany ciepła i innowacyjne sposoby osiągania lepszej wydajności chłodzenia. Ogólnie rzecz biorąc, konwencjonalna ciecz termotransferowa ma właściwości słabego przewodzenia ciepła w porównaniu z ciałem stałym, większość ciał stałych ma przewodnictwo cieplne o rząd wielkości większe niż w przypadku konwencjonalnych cieczy termotransferowych [14].

1.4.4 Inne Zastosowanie

Istnieją niekończące się sytuacje, w których wzrost efektywności transferu ciepła może być korzystny z punktu widzenia jakości, ilości i kosztów produktu lub procesu. W wielu z tych sytuacji, nanofluidy są dobrymi częściami do osiągnięcia poprawy wydajności transferu ciepła. Na przykład, nanopłyny mają potencjalne zastosowanie w budynkach, w których można zwiększyć efektywność energetyczną bez zwiększania efektywności energetycznej bez zwiększania mocy pomp. Takie zastosowanie pozwoliłoby zaoszczędzić energię w systemach ogrzewania, wentylacji i klimatyzacji, zapewniając jednocześnie korzyści dla środowiska. W przemyśle energii odnawialnej nanopłyny mogłyby być wykorzystywane do poprawy transferu ciepła z kolektorów słonecznych do zbiorników i zwiększenia gęstości energii. Nanofluidy chłodnicze mają również potencjalne zastosowanie w głównych gałęziach przemysłu przetwórczego, takich jak przemysł materiałowy, chemiczny, spożywczy, naftowy i gazowy, papierniczy i drukarski oraz tekstylny [13-14].

1.5 Nano czynniki chłodnicze

Ostatnio nanocząsteczki zostały wykorzystane do poprawy właściwości termofizycznych czynników chłodniczych w celu osiągnięcia większej wydajności i rentowności w chłodnictwie i klimatyzacji. W literaturze przedstawiono mechanizmy reologiczne i przenoszenia ciepła dla różnych stężeń nano-cząsteczek CuO, Al2O3, SiO2, diamentu, CNT (nanorurki węglowej), TiO2as czynników chłodniczych R11, R113, R123, R134a i R141b. Wpływ wielkości nanocząstek na przenoszenie ciepła w mieszaninach czynnika chłodniczego, oleju i nanocząstek badano doświadczalnie z cząstkami R113, oleju VG68 i Cu o średnicach 20, 50 i 80 nm. Wyniki pokazują maksymalny wzrost współczynnika przenikania ciepła o 23,8 % w zarodku jeziorka wrzącym o zmniejszonej średnicy od 80 do 20 nm. Jednym z głównych czynników wpływających na sprawność układu chłodniczego z nano-chłodnicami jest wymiana ciepła przy zmianie fazowej wymienników ciepła (parownik i skraplacz). Przenoszenie ciepła za pomocą wrzenia przepływowego nano-chłodników badano za pomocą mieszaniny cząstek R113 i CuO. Badania eksperymentalne wykazały 29,7% wzrost współczynnika przenikania ciepła w wyniku dodania nanocząsteczek CuO [15].

1.6 Modelowanie CFD i analiza danych

Computational Fluid Dynamics (CFD) jest jedną z najbardziej efektywnych technologii symulacyjnych w naukach stosowanych. Analiza CFD jest głównie związana z numeryczną analizą problemów hydrodynamicznych z wykorzystaniem metod różnicowych. Celem niniejszego opracowania jest omówienie teorii, zasad i modeli zastosowanych w niniejszym opracowaniu [16].

- Dyskusja na temat CFD jest niepełna, nie wspominając o równaniach orzeczeń.
- Równanie rządzące jest linią życia symulacji CFD. Równanie Navier-Stokes jest rozwiązywane za pomocą narzędzi do symulacji CFD dla problemów z płynami.
- Przy użyciu czynnika chłodniczego R134a, hybrydowego czynnika chłodniczego R134a+R152a i mieszaniny nano-chłodni 80% (R134a+R152a) + 20% (nanocząsteczki Al2O3). Rama VCRS (parowy układ chłodniczy sprężonego powietrza) została zbadana numerycznie, zatwierdzona, a wyniki zostały zarejestrowane.
- Stały przepływ masy, ciśnienie wdechowe i wydechowe sprężarek, skraplacza i czynnika chłodniczego parownika są efektem podstawowych parametrów wykonania do badań.

- Odczyty z VCRS są pokazane w postaci ciśnienia wlotowego sprężarki, ciśnienia wylotowego sprężarki oraz temperatury wlotowej i wylotowej skraplacza i parownika, zmiennych zbliżonych do siebie.
- Uzyskane wyniki są zatwierdzane przez CFD. Ponadto, dzięki super chłodzeniu czynnika chłodniczego na wylocie ze skraplacza za pomocą dwururowego wymiennika ciepła, współczynnik COP został poprawiony.
- Aktualizacja jest zatwierdzona przez CFD został zaprojektowany i opublikowany wyniki badania w płynnej i CFD postu.

1.7 Cele niniejszej analizy

Wiele badań zostało przeprowadzonych przez naukowców w celu rozwiązania problemu globalnego ocieplenia i zubożenia warstwy ozonowej w wyniku stosowania alternatywnych czynników chłodniczych w układzie chłodzenia. W związku z tym uważa się, że szczegółowe badania dotyczące możliwości dodania nowego alternatywnego czynnika chłodniczego i nanododatków do czynnika chłodniczego oraz porównania między bazowym czynnikiem chłodniczym, hybrydowym czynnikiem chłodniczym i nanododatkiem zostaną przeanalizowane z wykorzystaniem symulacji CFD. Głównym celem niniejszej pracy jest zbadanie charakterystyki przepływu hybrydowego czynnika chłodniczego i nanotechnologii w adiabatycznej rurce kapilarnej dwufazowego układu chłodniczego; związek (50%R134a+50%R152a) jest przyjmowany jako główny czynnik chłodniczy, a nanocząsteczki Al2O3 zostały zmieszane z R134a+R152a. Frakcja objętościowa w nano-chłodniku wynosi 80% mieszaniny R134a+R152a i 20% Al2O3. Najczęściej stosowany krajowy czynnik chłodniczy R134a i sprawdzony alternatywny czynnik R152a zostały zmieszane i przygotowany zostanie nowy hybrydowy czynnik chłodniczy, a właściwości hybrydowego i nano-chłodnego czynnika zostaną zbadane w oparciu o stężenie różnych ilości.

1.8 Problem Definicja obecnego badania

Najczęściej stosowany komercyjny czynnik chłodniczy R134a i sprawdzona alternatywa R152a zostały zmieszane, a nowy hybrydowy czynnik chłodniczy lub ekologiczny czynnik chłodniczy jest przygotowywany i badane jest zachowanie się czynnika chłodniczego i mieszaniny czynników chłodniczych w rurce kapilarnej przy różnym stężeniu objętościowym.

1. Nanododatki takie jak Al2O3 zostały zmieszane z mieszaniną czynnika chłodniczego R152a+R134a i zbadano ich odpowiednie działanie na tym samym układzie.

2. Nano dodatki Al2O3 o wielkości cząstek 40-50 nm i 150 gm hybrydowego czynnika chłodniczego R134a+R152a są ładowane i badane za pomocą symulacji CFD. W układzie chłodniczym R152a stosowane są nano-cząsteczki z mieszaniną czynników chłodniczych. Działanie układu z nanocząstkami bada się w zależności od stężenia nanocząstek w podstawowych czynnikach chłodniczych lub hybrydowym czynniku chłodniczym.

Potencjał ocieplenia globalnego (GWP) obecnie używanego R134a wynosi 1360, a potencjał wyczerpania ozonu (ODP) R134a wynosi zero[4]. Niektórzy badacze wykazali, że wartość ta jest stosunkowo wysoka w porównaniu z innymi czynnikami chłodniczymi. Protokół montrealski i protokół z Kioto Organizacji Narodów Zjednoczonych sugeruje ograniczenie do minimum stosowania wodorofluorowęglowodorów (HFC) jako czynników chłodniczych. Kraje europejskie i amerykańskie już zakazały stosowania R134a. [31] Mieszanie R134a z innymi HFC jest problemem. R-22 i R134a będą stopniowo wycofywane ze względu na kwestie środowiskowe. Aby przezwyciężyć powyższy problem, w niniejszym opracowaniu zaproponowano czynnik chłodniczy R152a, ponieważ R152a ma zerowy potencjał niszczenia ozonu i bardzo niską wartość 148 jako globalnego potencjału cieplnego (GWP) w porównaniu z innymi czynnikami chłodniczymi [4]. Atmosferyczna żywotność R152a wynosi 1,4 roku.Czysta substancja R152a oferuje doskonałe właściwości termodynamiczne nietoksyczne i kompatybilność z konwencjonalnym olejem w sprężarce. R152a został już zatwierdzony do stosowania w przemyśle motoryzacyjnym jako alternatywa dla R134a przez amerykańską Agencję Ochrony Środowiska.

1.9 Organizacja pracy dyplomowej

1. Badania te obejmują sześć rozdziałów zawierających odniesienia, jak pokazano na rysunku 1.2. W pierwszym rozdziale przeprowadzono badanie porównawcze mające na celu analizę wydajności różnych czynników chłodniczych stosowanych w cyklu sprężania par oraz omówienie globalnego wpływu czynników chłodniczych na środowisko. Zidentyfikowano problemy niniejszego badania i sfinalizowano również jego cele.
2. W rozdziale 2 przedstawiono kompleksowy przegląd odpowiednich badań zgłoszonych w przeszłości. (Rysunek 1.2)
3. W rozdziale 3 opisano metodologię badawczą stosowaną w badaniach z zastosowaniem równań liczbowych lub równań modelowania matematycznego. (Rysunek 1.2)
4. W rozdziale 4 przedstawiono symulacje CFD różnych przypadków zastosowania nano-chłodników oraz walidację niniejszego badania. (Rysunek 1.2)

5. W rozdziale 5 przedstawiono wyniki i omówienie badania. Wyniki porównawcze są przedstawione na rysunkach. (Rysunek 1.2)
6. W rozdziale 6 zakończono całość prac wraz z ich przyszłym zakresem.

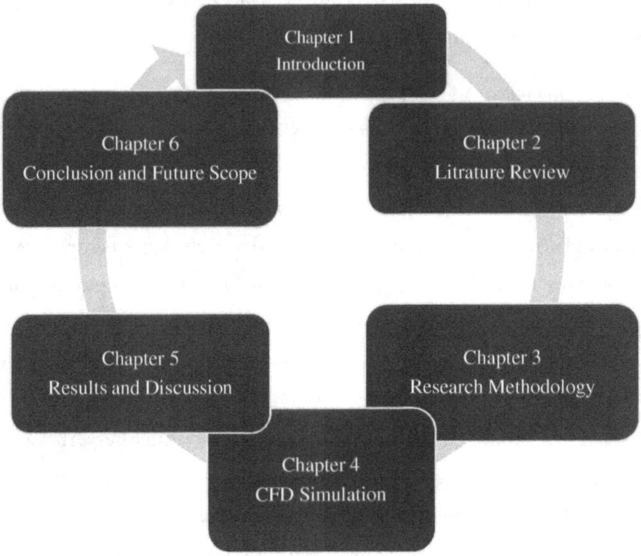

Rys. 1.2 Organizacja pracy dyplomowej.

- Jeden dodatek kartoteka być także dać w ten the teza, che być następujący,
- Dodatek: w niniejszym dodatku przedstawiono spadek temperatury wzdłuż rurki kapilarnej.

Rozdział 2

PRZEGLĄD LITERATURY

2.1 Wprowadzenie

W tym rozdziale wycofujemy szkodliwe czynniki chłodnicze, zastępując współczynnik zubożenia warstwy ozonowej (ODP) alternatywnym, przyjaznym dla środowiska czynnikiem chłodniczym, a także podsumowujemy dotychczasowe wyniki badań naukowców w dziedzinie procesów chłodniczych opartych na sprężaniu par i dotyczących potencjału globalnego ocieplenia (GWP). Po dokonaniu przeglądu literatury określono definicję problemu dla niniejszego opracowania i sfinalizowano cel badania.

2.2 Przegląd literatury

Kilku badaczy badało i badało wpływ działania układu chłodniczego, które opublikowało prace różnych badaczy w tej dziedzinie.

Gang Mao i wsp. [5] przeprowadzili testy mieszania czynników chłodniczych HFC152a/HFC125 w domowej lodówce. Wyniki badań eksperymentalnych wskazują, że wydajność chłodnicza krajowej chłodziarki z nowym czynnikiem chłodniczym może spełniać wymagania krajowej normy chińskiej, w odpowiedniej proporcji i w optymalnej ilości. Podsumowując, mieszanie zastępuje CFC12 jako czynnik chłodniczy nowej generacji w lodówkach domowych, ze względu na jego przyjazne dla środowiska właściwości i korzystne parametry chłodnicze.

Coumaressin T. i Palaniradja K. [17] badali zagadnienia związane z odparowywaniem ciepła, które jest niezwykle istotne w systemach chłodniczych i klimatyzacyjnych. HFC134a jest powszechnie stosowanym czynnikiem chłodniczym w urządzeniach chłodniczych, takich jak domowe lodówki i klimatyzatory. Ogrzewający na całym świecie potencjał HFC134a jest stosunkowo wysoki, potwierdzono, że w wielu krajach jest to przewlekłe określenie różnych czynników chłodniczych. Dodanie nanocząsteczek do czynnika chłodniczego prowadzi do poprawy właściwości termofizycznych i właściwości przenoszenia ciepła czynnika chłodniczego, a tym samym do zwiększenia wydajności układu chłodzenia. W doświadczeniach tych, wynik złego traktowania CuO-R134a w układzie sprężania par na stałej wymiany ciepła parowania badano za pomocą analizy wymiany ciepła CFD złego traktowania systemu oprogramowania FLUENT. Związany z tym sprzęt eksperymentalny został zbudowany zgodnie z krajowymi standardami narodu azjatyckiego. Badania eksperymentalne wskazują, że układ chłodzenia z nano-chłodnicą działa bez zarzutu. Współczynniki przenikania ciepła FLUENT dla strumienia ciepła wynosiły od 10 do 40 kW/m2 , stężenie nano CuO dla zmydlonej obróbki wynosiło od 0,05 do 1 / 4, a wielkość cząstek od 10 do 70 nm. Wyniki wskazują, że wraz z zastosowaniem Nano CuO wzrasta stała przenikania ciepła w parowniku.

Thangavel i in. [18] badali wydajność cyklu sprężania oceniany jest na papierze przy użyciu zupełnie innych czynników chłodniczych. W chłodzeniu sprężarkowym organiczne mieszanki czynników chłodniczych, takich jak R290 i R600a, są rozważane jako czynnik chłodniczy przez połączenie tych o zupełnie różnych frakcjach masowych, które dotyczą kilkukrotnie 20%+80%, 25%+75%, 50%+50% i 75%+25%. Zróżnicowane miary wydajności, takie jak temperatura wylotu urządzenia mechanicznego, zależność ilościowa ciśnienia, objętościowa zdolność chłodzenia (VCC), objętościowa moc i masowe natężenie przepływu analizowanego urządzenia. W porównaniu z halogenowymi czynnikami chłodniczymi, takimi jak R134a, R12 dla różnych temperatur skraplacza i parownika. Związki chlorowcowane mają bezpośredni wpływ na środowisko naturalne na przemian ODP i GWP. Pośród agregatów chłodniczych ze związkami organicznymi mieszanina R290 i R600a o stężeniu 50 % każda ma optymalną wydajność pod względem wpływu górnego chłodzenia, wyższej wymiany ciepła i współczynnika COP.

Verma i Chaudhary [19] stworzyli system chłodniczy Ejector growth, który osiąga liczne ulepszenia w zakresie stałej wydajności w porównaniu z różnymi systemami. Wykorzystanie wyrzutnika AN jako urządzenia do wzrostu jest jednym z wybranych sposobów. Badana jest wydajność układu sprężania par, który wykorzystuje wyrzutnik AN jako urządzenie do wzrostu. Wyrzutnik wzrostu Wyrzutnik wzrostu układów chłodniczych kwadratowy analizowany w trakcie eksploatacji w tym artykule, jako urządzenie wzrostu, charakteryzuje się stałym ciśnieniem i stałą przestrzenią mieszania. W artykule tym przedstawiono porównanie między stałym ciśnieniem a wykorzystaniem modelu o stałej przestrzeni R-1270 jako czynnika chłodniczego. W ramach analizy wykorzystano dwufazowy model stałej przestrzeni i stałego ciśnienia przepływu eżektorowego. Zmiana ciśnienia na długości wyrzutnika uzyskiwana jest dla modelu o stałej przestrzeni. Stwierdzono, że wahania ciśnienia są większe w przypadku modelu z wyrzutnikiem o stałej przestrzeni w porównaniu z modelem ze stałym ciśnieniem.

Rakesh i wsp. [20] badali punkt poprawy stałej wydajności (COP), konieczne jest zmniejszenie pracy urządzenia mechanicznego i zwiększenie efektu zimna. Przeprowadzono analizę doświadczalną układu chłodniczego sprężonego powietrzem (VCR) z czynnikiem chłodniczym R134A (Tetra Fluro Ethan) i odnotowano ich wyniki. Konsekwencje większości parametrów analizy wydajnościowej kwadrat mierzą przepływ masowy czynnika chłodniczego, ciśnienie ssania urządzenia mechanicznego, ciśnienie tłoczenia urządzenia mechanicznego, temperaturę parownika i skraplacza. Wyniki z instalacji sprężania par czynnika chłodniczego przyjęto wszędzie tam, gdzie odnotowano zmienne takie jak ciśnienie ssania urządzenia mechanicznego, ciśnienie tłoczenia urządzenia mechanicznego, temperatura parownika i skraplacza oraz obliczono stałą wydajność (COP). Uzyskane wyniki będą ważne poprzez symulację CFD. Wprowadzono dodatkowy dyfuzor pomiędzy urządzeniem mechanicznym a skraplaczem, aby zmniejszyć tam pobór mocy do urządzenia mechanicznego poprzez zwiększenie COP. Usprawnienie jest zakończone poprzez symulację CFD; modelowanie i meshhing jest zakończony w ICEMCFD, analiza w CFX i post prowadzi do CFD POST.

Baskaran A. i Mathews P. Koshy [21] pracowali nad analizą wydajnościową parowego układu chłodniczego z różnymi ekologicznymi czynnikami chłodniczymi HFC152a, HFC32, HC290, HC1270, HC600a i RE170, a ich wyniki porównano z R134a jako możliwym zamiennikiem. Wyniki wykazały, że alternatywne czynniki chłodnicze badane w analizie RE170, R152a i R600a mają nieco wyższy współczynnik efektywności (COP) niż R134a dla temperatury skraplania 50°C i temperatury parowania wahającej się od -30°C do 10°C. Wśród innych alternatywnych czynników uznano czynnik chłodniczy RE170 zamiast R134a za czynnik zastępczy. Zbadano również wpływ głównych parametrów analizy wydajności, takich jak rodzaj czynnika chłodniczego, stopień wychłodzenia i przegrzania na efekt chłodzenia, współczynnik wydajności i objętościową wydajność chłodniczą.

Morsi Mohamed El i wsp. [22] porównali wydajność energetycznego i egzergetycznego układu sprężania z wykorzystaniem czystego czynnika chłodniczego HC (węglowodór) o wysokiej wydajności. W analizie teoretycznej zastosowano trzy różne czyste węglowodory: propan (R290), butan (R600) i LPG (gaz płynny). R134a jest również używany w analizie jako referencyjny czynnik chłodniczy. Temperatura parownika wynosi od 30 do 0 ^{0C}, a skraplacza od 30 do ^{500C}. Do rozwiązywania równań termodynamicznych wykorzystano oprogramowanie MATLAB, natomiast właściwości termofizyczne obliczono za pomocą programu REFPROP.

Qureshi M. Abuzar i Bhatt Shikha [23] przedstawili analizę porównawczą COP przy użyciu czynnika chłodniczego R134A i R600a w stacjonarnej lodówce domowej. Dwa różne czynniki chłodnicze to R600a (izobuten), a R134a (tetrafluoroetan) R134a jest globalnym ostrzeżeniem, że warstwa ozonowa jest zerowa, a R600a jest zerową warstwą ozonową i jest ostrzeżeniem o skali globalnej, które można zignorować. Domowe lodówki wybrano eksperymentalnie przy użyciu R600a o masie 50g, przedstawiając wyniki uzyskane z R134a. Współczynnik wydajności parownika i sprężarki skraplacza jest obliczany na podstawie wydajności skraplacza R600a. Analiza wyników dyspersji wykazała, że najbardziej efektywnym parametrem jest ilość ładunku R600a. W optymalnych warunkach R600A jest o 66% niższy o 50 g od R134a, co znacznie obniża palność węglowodorowego czynnika chłodniczego, a także korzyści ekonomiczne. Zbadano porównanie wydajności w stanie ustalonym systemu. W rezultacie widać, że COP R600a jest tylko wyższa niż R134a.

Y. Rajanikant. i in. [24] podali, że aby zastąpić R-134a w lodówkach dla gospodarstw domowych, współczynnik zubożenia warstwy ozonowej (ODP) wynosi zero i zbadali czynniki chłodnicze przyjazne dla środowiska, które mogą być ignorowane przez współczynnik globalnego ocieplenia (GWP). Wypróbowano lodówkę zaprojektowaną do pracy z R-134a, oceniono HC-12a, w porównaniu z jej wydajnością przy użyciu R-134a. Zmierzyliśmy zużycie energii przez lodówki w eksperymentach z wykorzystaniem węglowodorów i R-134a. Uzyskane wyniki wykazały, że alternatywny czynnik chłodniczy badany w warunkach eksperymentalnych HC-12A ma wyższy współczynnik wydajności i mniejsze zużycie energii. Temperatura projektowa i czas wyciągania ustalony przez Międzynarodową Organizację Normalizacyjną (ISO) małej lodówki zostały osiągnięte wcześniej przy użyciu czynnika chłodniczego HC-12A niż przy użyciu R-134a. Ponieważ ciepło utajone HC-12a jest wysokie, ilość napełniania czynnikiem chłodniczym została zmniejszona w porównaniu z R-134a. Wydajność HC-12a w lodówce domowej była lepsza niż R-134a zawsze w każdych warunkach pracy. Momin Adil F. et al. [25] badał eksperymentalnie wpływ materiału zmiennofazowego (PCM) na wydajność domowych urządzeń chłodniczych zawierających jako czynnik chłodniczy mieszaninę R290/R600. Analiza teoretyczna została przeprowadzona przy użyciu oprogramowania Cool Pack. Wyniki eksperymentalne przy użyciu PCM, dodanie bezwładności cieplnej jest na ogół lepsze przenoszenie ciepła z parownika, możliwe jest wyższe temperatury parowania, wykazano, że zwiększa współczynnik wydajności systemu (COP). Energia zmagazynowana w PCM podczas wyłączonego cyklu jest doprowadzana do komory zamrażarki i może być używana nieprzerwanie przez kilka godzin bez zasilania. Wyniki eksperymentu PCM pokazują, że średni czas pracy sprężarki jest skrócony o około 5 do 30% w porównaniu do przypadku bez PCM, a wyniki testu PCM znacznie zmniejszają wahania temperatury w szafie.

Baskaran A i in. [26] zbadali idealny system sprężania pary wykorzystywany do analizy wydajności zastępczego czynnika chłodniczego dla R-134a. W porównaniu ze współczynnikiem wydajności testowanego czynnika chłodniczego (COP) i wskaźnikiem ciśnienia oraz głównym wpływem na środowisko wynikającym z niszczenia warstwy ozonowej i globalnego ocieplenia, czynnik chłodniczy

R-170 został uznany za najbardziej odpowiedni zamiennik dla czynnika testowanego w R134a. COP) rośnie wraz ze wzrostem temperatury parowania z powodu stałej temperatury skraplania w analizie.

Vazhappillyet Christy V et al. [27] badali wydajność, projektowanie, budowę i testowanie prototypów płyt chlebowych do układów absorpcji chłodu z wykorzystaniem ciepła spalin. W komercyjnym układzie chłodniczym z absorpcją pary wodnej, amoniakalny czynnik chłodniczy jest odparowywany za pomocą układu wytwarzającego energię wężownicy grzewczej. W niniejszym opracowaniu system wytwarzania energii elektrycznej wężownicy zastąpiono płytowym wymiennikiem ramowym. Spaliny z silnika I.C. są wykorzystywane do odparowania czynnika chłodniczego amoniaku. Ciepło dostępne w spalinach należy oszacować w oparciu o rzeczywisty cykl jazdy silnika spalinowego. Konieczne jest modelowanie wymiennika ciepła typu płyta ramowa oraz analiza przepływu wymiennika ciepła. Ponadto, typowy silnik spalinowy analizuje odzyskiwalną energię spalin.

Firma Agarwal R.S. et al. [2] opracowała zmodyfikowany czynnik chłodniczy R12 i R290 z MP-39 (R22/R124 i R152A), w tym R600a (50%/50%). Badania teoretyczne i doświadczalne przeprowadzono poprzez zróżnicowanie składu mieszanek. Próba redukcji ciśnienia pary za pomocą mieszaniny HC (R290 i R600a), długość skraplacza i parownika odpowiednia. Przy cięciu i próbach długość kapilary została zoptymalizowana i wymaga dwukrotnej długości kapilary R12 dla HC. Mieszanka, aby uzyskać lepsze wyniki. W tym eksperymencie wykorzystano test podstawowy z czynnikiem chłodniczym R12. Eksperymenty z kropelkami z wykorzystaniem mieszanek HC są różne. Długość kapilary, a optymalną wydajność uzyskano przez podwojenie długości kapilary. Mieszanki HFC zużywają więcej mocy niż R12. Mieszanki HC zużywają tylko nieznacznie mniej energii niż R12. Podsumowując, wydajność zmodernizowanej lodówki jest mniej więcej podobna do R12.

Eames I.W. et. al.[28] opracowali program komputerowy do określania wydajności chłodniczej, stosunku ciśnień, ciśnienia i temperatury w układzie, wydajności sprężarki i współczynnika COP, który wynosi 88% R134a/9% R218/3% R600a mieszanki w stosunku do R12. Eksperymentalne wyniki pokazują, że ISCEON-49 to spadek zastępowalności i ma wydajność w porównaniu z R12. ISCEON-49 Cop, 8-10% niższy od R12, okazał się być 5-7% niższy od R134a.

Mathi T K i wsp. [29] badali wzmocnienie wymiany ciepła przy użyciu nano-chłodziwa. W badaniach badano współczynnik przenikania ciepła nano-chłodziwa w oparciu o różne stężenia objętościowe nanocząstek Al2O3 zawieszonych w R134A. Wyniki pokazują, że całkowity współczynnik przenikania ciepła, przewodność cieplna wzrasta, a ciepło właściwe maleje wraz ze wzrostem stężenia cząstek.

Kritsadathikarn Pakawat i in. [30] badali lokalny rozkład ciśnienia niektórych popularnych tradycyjnych i alternatywnych czynników chłodniczych przepływających w adiabatycznych rurkach kapilarnych. Wyniki pokazują, że alternatywne czynniki chłodnicze stosowane w niniejszym badaniu konsekwentnie dają wyższe gradienty ciśnienia niż tradycyjne czynniki chłodnicze.

Abed Esam M. et al. [31] badali zmiany fazowe przepływu czynnika chłodniczego przez rurkę kapilarną w warunkach adiabatycznych oraz wpływ różnych parametrów projektowych na obszar metastabilny w oparciu o technikę obliczeniowej dynamiki płynów.

Abdullah Z. [32] badał wpływ rur cieplnych przymocowanych do parownika i skraplacza klimatyzatora chłodzonego powietrzem. Wyniki pokazują, że obniżenie temperatury roboczej po podłączeniu wymiennika ciepła z rurką cieplną do komponentów oraz wzrost szybkości przenikania ciepła pomiędzy rurką cieplną a rurą komponentu spowoduje zwiększenie wydajności systemu.

Liang S. M. i wsp. [33] badali dwufazowy przepływ czynnika chłodniczego przez adiabatyczną rurkę kapilarną o jednorodnym przepływie. Można uznać, że efekt poślizgu nie występuje pomiędzy dwiema fazami w rurce kapilarnej o małej średnicy. Szczegółowa charakterystyka przepływu czynnika chłodniczego R134a jest oceniana.

Ingle Rahul i wsp. [34] badali modelowanie błysków w probówkach kapilarnych z zastosowaniem podejścia równowagi jednorodnej. Szybkość błysku jest modelowana jako proporcjonalna do odchylenia od równowagi ciśnienia pary. Wyniki pokazują, że metoda modelowania jednorodnego może być wykorzystana do modelowania przepływu dwufazowego przez rurki kapilarne z wykorzystaniem mechanizmu przenoszenia masy.

Mahbubul I.M. i wsp. [6] przeanalizowali wydajność cieplną nano-chłodnika Al_2O_3/R-134a. W pracy przeanalizowano właściwości termofizyczne i ich wpływ na współczynnik efektywności (COP), który powstał przez dodanie 5% obj. nano-cząsteczek Al_2O_3 do czynnika chłodniczego R-134a w temperaturze 283-308 K. Analizę przeprowadzono dla równomiernego strumienia masowego przez poziomą gładką rurkę.

Rozdział 3

Metodyka badawcza

3.1 CFD: Narzędzie do analizy (ANSYS-FLUENT 18.2)

Computational Fluid Dynamics (CFD) jest gałęzią Fluid Dynamics, która zajmuje się analizą problemów związanych z przepływem cieczy i wymianą ciepła. Wykorzystuje on metody numeryczne i algorytmy do rozwiązywania i analizy problemów. CFD jest stosowana do symulacji i analizy zachowania się płynów w różnych systemach. Główną zaletą metod numerycznych jest to, że problem jest dyskretny w oparciu o pewne parametry i rozwiązany. Generowany jest model matematyczny, który przedstawia rzeczywisty układ fizyczny, a następnie może być rozwiązany i przeanalizowany. CFD dotyczy numerycznej symulacji przepływu cieczy, wymiany ciepła i związanych z tym procesów, takich jak promieniowanie. Celem CFD jest dostarczenie inżynierowi komputerowego narzędzia prognostycznego, które umożliwia analizę procesów przepływu powietrza zachodzących w obrębie i wokół różnych urządzeń, w celu ulepszenia i optymalizacji projektowania nowych lub istniejących urządzeń. W tym przypadku stosuje się badanie CFD Solver FLUENT firmy ANSYS [36].

Badanie to obejmuje dwufazową analizę przepływu czynników chłodniczych, takich jak R134a, R134a+R152a [5] i nano-chłodnica R134a+R152a+Al2O2 o różnym stężeniu nanocząstek, wprowadzanych do prostej rurki kapilarnej w temperaturze nasycenia. Analiza CFD jest przeprowadzana w celu określenia spadku ciśnienia na całej długości prostej rurki kapilarnej. Ta prognoza spadku ciśnienia jest ważna w celu przewidzenia mocy pompowania wymaganej przez sprężarkę do przetłaczania pary o wysokim ciśnieniu na poziomą rurkę kapilarną. Warunki adiabatyczne są uwzględniane na ścianie poziomej rury kapilarnej dla uproszczenia obliczeń. Przepływ dwufazowy jest również zamieniany na jednofazowy pseudoprzepływ poprzez uśrednienie właściwości cieczy i pary w tej konkretnej temperaturze nasycenia [37]. Wyniki spadku ciśnienia z analizy CFD są następnie porównywane z korelacjami wymienionymi w części dotyczącej przeglądu literatury i wyników eksperymentalnych, aby uzyskać dostęp do osób, które przewidziały wynik bliżej wyników eksperymentalnych [34].

3.2 Równania rządzące

W CFD stosowane są głównie trzy podstawowe równania rządzące. Znane jest ono jako równanie ciągłości (Continuity equation), równanie pędów i równanie energetyczne. Modelowanie matematyczne prostej adiabatycznej rurki kapilarnej zostało wykorzystane do zastosowania oszczędności masy, pędu i energii na wymaganej geometrii rurki kapilarnej.

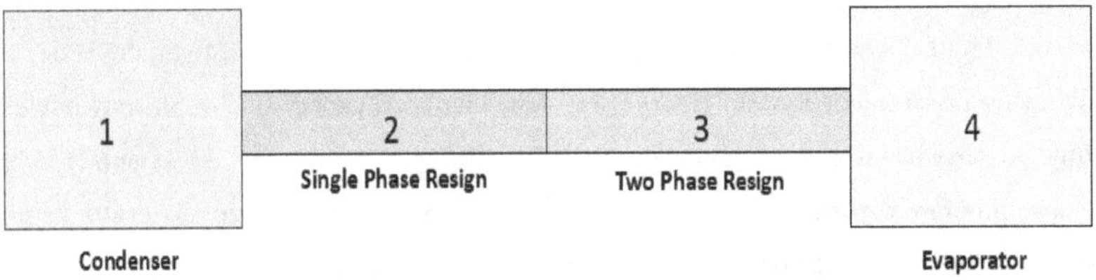

Rys. 3.1: Schemat rurki kapilarnej pomiędzy skraplaczem a parownikiem [37].

Zgodnie z powyższym rysunkiem 3.1 czynnik chłodniczy ze skraplacza wchodzi do rurki kapilarnej w części 1 w stanie schłodzonej cieczy. Na skutek nagłego spadku średnicy wlotu do kapilarnego przewodu rurowego ciśnienie czynnika chłodniczego spada i osiągany jest stan lub sekcja 2, dzięki czemu następuje jednofazowy przepływ cieczy w kapilarze. Wiemy, że przepływ w rurce kapilarnej jest adiabatyczny, więc przekazywanie ciepła do otoczenia jest zerowe. Wewnątrz rurki kapilarnej ciśnienie spada liniowo, a punkt nasycenia osiąga i ciecz zaczyna odparowywać, ten punkt nasycenia jest znany jako punkt zapłonu w stanie 3. Stan ten ma dwie fazy (ciecz i para). Czynnik chłodniczy wchodzi do parownika w stanie 4 jako mieszanina nasycona niskiej jakości i odparowuje, pochłaniając ciepło z pomieszczenia chłodniczego. Czynnik chłodniczy opuszcza parownik jako para nasycona i ponownie wchodzi do sprężarki, kończąc cykl VC [37].

3.2.1 Zachowanie masy

Zachowanie równania masy znane jest również jako równanie ciągłości. Oznacza to, że masa systemu jest zachowana. Równanie ciągłości odnosi się do wszystkich cieczy, takich jak ciecze ściśliwe i w przepływie ściśliwym, Newtonowskie i nienewtonowskie. Stwierdza ona, że suma całej masy wpływającej i wypływającej w jednostce czasu na jednostkę objętości jest równa zmianie masy spowodowanej zmianą gęstości w jednostce czasu na jednostkę objętości [37].

$$\frac{\partial\rho}{\partial t} + \frac{\partial(\rho u)}{\partial x} + \frac{\partial(\rho v)}{\partial y} + \frac{\partial(\rho w)}{\partial z} = 0 \qquad ....(3.1)$$

W zwartej notacji wektorowej

$$\frac{\partial\rho}{\partial t} + \mathrm{div}(\rho u) = 0 \qquad \text{.........(3.2)}$$

Powyższe równanie pokazuje niestabilne równania ciągłości trójwymiarowej. Wyraża ono prawo zachowania masy w każdym punkcie przepływu cieczy i musi być spełnione w każdym punkcie przepływu cieczy[37].

3.2.2 Konserwacja Momentum

Prawo o ruchu obowiązuje dla wszystkich substancji stałych, jak również ciekłych i gazowych. Jeżeli na cząstkę płynu jest przyłożona siła ścinająca, to jedna warstwa płynu przesuwa się względem drugiej sąsiadującej z nią warstwy płynu. Gdy siła ścinająca przestaje działać, nie zostaje osiągnięty pierwotny stan, w związku z czym dochodzi do odkształcenia. W związku z tym należy wziąć pod uwagę analizę zakłóceń. Zgodnie z drugim prawem ruchu Newtona, że tempo zmian pędu jest wprost proporcjonalne do niezrównoważonej siły działającej na niego, w kierunku siły. Przy analizie cząsteczek płynu [37] brana jest pod uwagę następująca siła.

- Siły powierzchniowe (takie jak siły nacisku i siły lepkości) oraz
- Siły ciała (takie jak siła grawitacji, siła odśrodkowa, siła karioletu i siła elektromagnetyczna)

Naviers (1823) wyprowadził z rozważań molekularnych ekspresję ruchu lepkiego płynu. Stokes wyprowadził również równanie na lepki płyn w różny sposób. Dlatego też podstawowe równanie, które reguluje przepływ cieczy, znane jest jako równanie Navies-stokes.[37]

$$\rho\frac{Du}{Dt} = \frac{\partial(-p+\tau_{xx})}{\partial x} + \frac{\partial\tau_{yx}}{\partial y} + \frac{\partial\tau_{zx}}{\partial z} + S_{Mx} \qquad \text{...........(3.3)}$$

Równanie 3.1 przedstawia równanie Naviers-Stokes w kierunku x-. Po lewej stronie pokazano bezwładność, a po prawej - nacisk, lepkość i siłę nacisku ciała. Ciśnienie i lepkość opóźniają przepływ cieczy [37].

W kierunku y i z

$$\rho\frac{Dv}{Dt} = \frac{\partial\tau_{xy}}{\partial x} + \frac{\partial(-p+\tau_{yy})}{\partial y} + \frac{\partial\tau_{zy}}{\partial z} + S_{Mój} \qquad \text{........(3.4)}$$

$$\rho\frac{Dw}{Dt} = \frac{\partial\tau_{xz}}{\partial x} + \frac{\partial\tau_{yz}}{\partial y} + \frac{\partial(-p+\tau_{zz})}{\partial z} + S_{Mz} \qquad \text{...........(3.5)}$$

3.2.3 Równanie rządzące oszczędzaniem energii

Równanie energetyczne wyprowadzone przez pierwsze prawo termodynamiki. Zgodnie z tym prawem szybkość zmiany energii wewnątrz elementu płynnego jest równa sumie strumienia ciepła netto do elementu płynnego i szybkości pracy wykonywanej na elemencie płynnym z powodu sił działających na ciało i powierzchnię. Energia płynu(E) jest równa sumie energii wewnętrznej (i),energii kinetycznej 1/2 (u2 + v2 + w2) , energii potencjalnej. Więc równanie energetyczne jest

$$\rho\frac{DE}{Dt} = -\mathrm{div}(pu) + \left[\frac{\partial(u\tau_{xx})}{\partial x} + \frac{\partial(u\tau_{xy})}{\partial y} + \frac{\partial(u\tau_{xz})}{\partial z} + \frac{\partial(v\tau_{xy})}{\partial x} + \frac{\partial(v\tau_{yy})}{\partial y} + \frac{\partial(v\tau_{zy})}{\partial z} + \frac{\partial(w\tau_{xz})}{\partial x} + \frac{\partial(w\tau_{yz})}{\partial y} + \frac{\partial(w\tau_{zz})}{\partial z}\right] +$$

$\mathrm{div}(K\ \mathrm{grad}\ T) + S_E$ ....(3.6) Tutaj

$$E = i + 1/2\ (u2 + v2 + w2)$$

Powyżej pokazano równanie energetyczne w formie bezkonserwacyjnej. Stosuje się go do ruchomego elementu płynnego. Ruch płynu w trzech wymiarach opisany jest pięcioma cząstkowymi równaniami różniczkowymi, czyli równaniami zachowania masy, trzema równaniami pędowymi i równaniami energetycznymi. Cztery zmienne są nieznane, takie jak ρ, p, i oraz T. Zmienne te znajdują się w równaniach stanu. W którym opisano stan substancji w stanie równowagi termodynamicznej za pomocą dwóch zmiennych stanu. Pozostałe zmienne są skorelowane z dwoma zmiennymi stanu. Jeśli użyjemy zmiennych stanu p i T, to równanie stanu dla ciśnienia i specyficznej energii wewnętrznej wynosi [37].

$$p=p\ (\rho,\ T)\ \text{andi} = i\ (p,\ T) \qquad (3.........7)$$

Równanie stanu odgrywa ważną rolę. Za doskonały gaz, który [37]

$$p = \rho\ RT\ i$$

$$i = \mathrm{CVT}$$

3.3 Modelowanie turbulencji

Computational Fluid Dynamics jest używana do przewidywania złożonych przepływów z dużymi separacjami. Celem CFD jest obliczenie wartości średnich wielkości przepływu, takich jak ciśnienie, prędkość i tarcie powierzchniowe z odpowiednią dokładnością z inżynieryjnego punktu widzenia. Zadanie to staje się coraz bardziej wymagające, ponieważ mamy do czynienia z wydzielonymi przepływami z czterech głównych powodów:

- Obecność ujemnych gradientów ciśnienia
- Obecność dużych stref przeliczeniowych

- Obecność wolnych warstw ścinających
- Przepływy rozdzielone nie są statystycznie stacjonarne

Wybór modelowania turbulencji jest bardzo ważny dla symulacji. Do modelu turbulencji potrzebne są dwie wielkości. Pierwsza to turbulentna energia kinetyczna (k) i inne to burzliwe tempo rozpraszania (ε). Ilości te są zdefiniowane w następujący sposób [38]:

$$k = \frac{1}{2}(u^2 + v^2 + w^2) \quad \text{.........} \; (3.8)$$

$$\varepsilon = \rho C_\mu \frac{k^2}{\mu_\tau} \text{... ....} \; (3.9)$$

3.3.1 Norma k- ε model

Norma k- ε model to dwa równania model burzliwy. Burzliwa energia kinetyczna pochodzi z dokładnego równania. Wpływ lepkości molekularnej przepływu jest zaniedbywany. Burzliwe rozproszenie uzyskuje się poprzez wykorzystanie kondycji fizycznej. Ogólne równania transportowe dla standardu k- ε wzór podaje [37]

$$\frac{\partial}{\partial t}(\rho k) + \frac{\partial}{\partial x_i}(\rho k u_i) = \frac{\partial}{\partial x_j}\left[\left(\mu + \frac{\mu_t}{\sigma_k}\right)\frac{\partial k}{\partial x_j}\right] + G_k - \rho\varepsilon \quad \text{......} \; (3.10)$$

$$\frac{\partial}{\partial t}(\rho \varepsilon) + \frac{\partial}{\partial x_i}(\rho \varepsilon u_i) = \frac{\partial}{\partial x_j}\left[\left(\mu + \frac{\mu_t}{\sigma_\varepsilon}\right)\frac{\partial \varepsilon}{\partial x_j}\right] + C_{1\varepsilon}\frac{\varepsilon}{k}G_k - C_{2\varepsilon}\rho\frac{\varepsilon^2}{k} \quad (3.11)$$

3.4 Modelowanie przepływu dwufazowego

Modelowanie jednofazowego regionu przepływu i dwufazowego regionu przepływu omówiono poniżej:

3.4.1 Modelowanie przepływu w regionie jednofazowym

Region jednofazowy pokazano na rysunku 3.1. Jest to faza ciekła i zdefiniowana jako warunki wlotowe rury kapilarnej do punktu w przestrzeni w rurze, gdzie ciśnienie spada tak, że staje się nasycona i rozpoczyna się tworzenie pary [37].

Stosując zasadę niezrozumiałego przepływu Bernoullego:

$$\frac{P_2}{\rho_2 g} + \frac{U_2^2}{2g} + Z_2 = \frac{P_3}{\rho_3 g} + \frac{U_3^2}{2g} + Z_3 + h_T \quad \text{.......... (3.12)}$$

Gdzie hT = całkowita utrata głowy = poważna utrata głowy + niewielka utrata głowy i podane jako:

$$h_T = f_{sp}\frac{L_{sp}U^2}{Dg} + \frac{kU^2}{2g} \quad \text{.......... (3.13)}$$

Gdzie fsp = współczynnik tarcia dla jednej fazy, Lsp = długość obszaru jednofazowego, D = średnica (wewnętrzna) rurki kapilarnej, k = współczynnik strat na wejściu

Stosując równanie ciągłości i zakładając, że przewód jest idealnie poziomy, a płyn jest uważany za nieścieralny:

$$\rho\left[\frac{P_2 - P_3}{\rho^2 U^2}\right] = \frac{f_{sp}L_{sp}}{D} + \frac{k}{2} \quad \text{.......... (3.14)}$$

Strumień masowy wynosi ρv; współczynnik tarcia wynosi fsp można określić na podstawie [39].

$$\frac{1}{\sqrt{f_{sp}}} = 1.14 - 2\,l\,n\left[\frac{e}{D} + \frac{9.3}{Re\,\sqrt{f_{sp}}}\right] \quad \text{.......... (3.15)}$$

Gdzie Re = liczby Reynoldsa, e = chropowatość powierzchni, μ = lepkość

$$L_{sp} = \frac{D}{f_{sp}}\left[\frac{2\rho}{G^2}(P_2 - P_3) - k\right] \quad \text{...... ..... (3.16)}$$

Migający początek na końcu obszaru jednofazowego i spadek ciśnienia sprzyjają odparowaniu ciekłego czynnika chłodniczego [37].

$$P_2 - P_3 = \rho U^2\left(\frac{f_{sp}l_{sp}}{D} + \frac{k}{2}\right) \quad \text{.......... (3.17)}$$

3.4.2 Modelowanie przepływu w regionie dwufazowym

Obszar przepływu dwufazowego można wyprowadzić z równań ciągłości i pędów rządzących równaniami, jak pokazano na rysunku

$$\nabla.(\rho_{nf}.U) = 0$$

$$\nabla.(\rho_{nf}.U.m) = -\nabla P + \nabla.(\mu_{nf}.\nabla U) \quad \text{.......... (3.18)}$$

Gdzie

ρnf= gęstość Nanofluidów

Gdzie U_{nf} jest modelem prędkości Nanofluidów i podane jako:

$$U_{nf} = \frac{1}{d_p}\sqrt{\frac{18K_bT}{\pi\rho_p d_p}}$$ ……….. (3.19)

Stosując prawo Hagen Poiseulle'a do przepływu lepkiego płynu w okrągłej rurze, mały koncentryczny okrąg o promieniu r i długości dx można uznać za wolne ciało. Dlatego też oddziaływanie na element płynny będzie podane na rysunku [37].

Siła ścinająca, τ x 2Πr x dx na powierzchni elementu płynnego

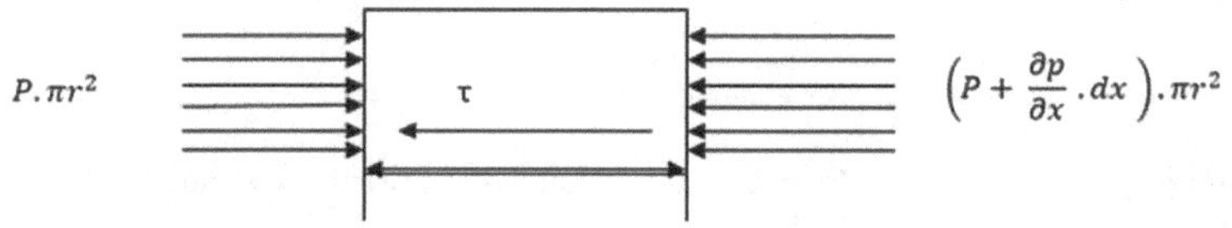

Gdzie

τ jest stres ścinający [37].

Równoważenie sił na elemencie płynnym staje się

$$\tau = -\frac{\partial p}{\partial x}.\frac{r}{2}$$ ……….. (3.20)

Uwzględnienie na ściance rury, gdzie ciśnienie jest maksymalne i zastosowanie dwufazowego współczynnika tarcia przepływu

$$\tau_w = \frac{f_{tp}\rho U^2}{8}$$

$$dL = \frac{-2D}{f_{tp}}\left[\frac{PdP}{G^2} + \frac{dU}{U}\right]$$ …….. (3.21)

Gdzie ftp = współczynnik tarcia dla dwóch obszarów fazowych i może być wyrażony w następujący sposób [36]

$$f_{tp} = 8\left[\left(\frac{8}{Re_{tp}}\right)^{12} + \left(\frac{1}{(A+B)^{1.5}}\right)^{\frac{1}{12}}\right]$$

Gdzie: .... (3.22)

$$A = 2.457\ln\left[\frac{1}{\left(\frac{7}{Re_{tp}}\right)^{0.9} + 0.27\left(\frac{e}{D}\right)}\right]^{16} \quad B = \left(\frac{37530}{Re_{tp}}\right)^{16} \quad Re_{tp} = \frac{Vd}{\mu_{tp}v_{tp}}$$

e/D = Chropowatość.

Długość regionu dwufazowego można uznać za

$$L_{tp} = \frac{2D}{f_{tp}}\left(\frac{1}{G^2}\int_{P_i}^{P_n} \rho dP + \int_{P_i}^{P_n} \frac{d\rho}{\rho}\right)$$ .... (3.22)

3.5 Podejście numeryczne

Podejście liczbowe w niniejszym opracowaniu zostało omówione poniżej:

3.5.1 Dyskretyzacja: Stosuje się go do przeliczania pochodnych równań na wyrażenia dyskretne. W symulacji CFD do dyskretyzacji stosuje się głównie cztery rodzaje metod. Metody te są metodą różnic skończonych, metodą elementów skończonych, metodą skończonej objętości i metodą spektralną. Najpopularniejsze metody to metoda różnic skończonych i metoda objętości skończonej. W tym badaniu wykorzystano oprogramowanie FLUENT, które jest oparte na metodologii metodyki skończonej objętości. Podstawowa różnica między tymi metodami przedstawiona jest w tabeli [33, 38].

Tabela 3.1 Różnica pomiędzy różnymi metodami CFD [37]

	Metoda elementów skończonych	Metoda objętości skończonej	Metoda różnic skończonych
Dyskretyzacja	Elementy skończone	Ilości kontrolne	Elementy (zazwyczaj komórki sześciościenne)
Wielkość siatki	Nieregularny	Nieregularny	Regularnie
Równanie rządzące	integralna forma PDE	integralna forma PDE	forma różnicowa PDE
Rozwiązania	Rozwiązania ciągłe	rozwiązania dyskretne	rozwiązania dyskretne
Medium	Ciało stałe czasami płynne	Fluid	Fluid

3.5.2 Metoda objętości skończonej: Metody o małej objętości stały się możliwe do zastosowania w CFD. Po pierwsze, zapewniają, że dyskretyzacja jest konserwatywna, tzn. masa, pęd i energia są zachowywane w dyskretny sposób. Chociaż tę właściwość można powszechnie uzyskać za pomocą receptury o małym zróżnicowaniu, otrzymuje się ją naturalnie za pomocą receptury o małym zróżnicowaniu objętościowym. Po drugie, metody o małej objętości nie wymagają przekształcenia współrzędnych, aby mogły być stosowane na nieregularnych oczkach. W rezultacie mogą być one stosowane na siatkach niestrukturalnych składających się z dowolnego wielościanu w trzech wymiarach lub dowolnego wielokąta w dwóch wymiarach. Ta zwiększona elastyczność może być wykorzystana do generowania siatek o dowolnych geometriach. Podstawową metodologię dla metody wielkości skończonej pokazano na rysunku 3.2[30, 36].

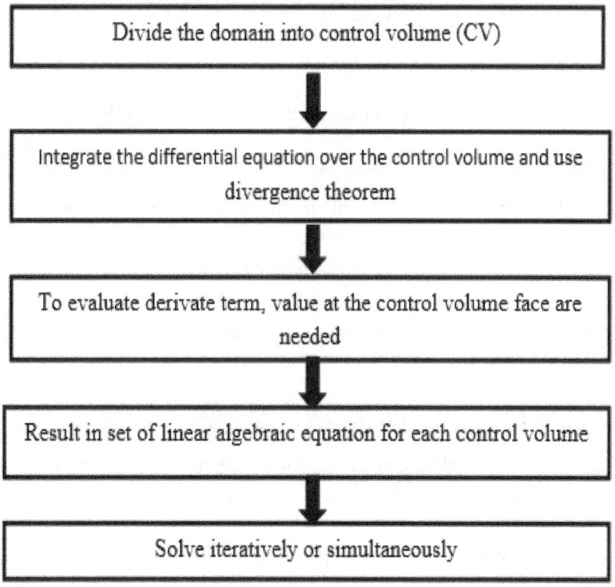

Rys. 3.2: Podstawowa metodyka metodyki objętości skończonej [38]

Systemy FVM można zasadniczo podzielić na dwa zestawy. Pierwszy zestaw zawiera schematy "wyśrodkowane komórkowo", a drugi zestaw zawiera schematy "wyśrodkowane punktowo" lub "punktowo węzłowe". Aby wyjaśnić każde z tych podejść i zidentyfikować różnice między nimi, należy wziąć pod uwagę następujące równanie modelowe:

$$\frac{\partial Q}{\partial t}+\frac{\partial E}{\partial x}+\frac{\partial F}{\partial y}=0 \; ..... (3.23)$$

Początkowo równanie jak pokazano jest zintegrowane z elementem takim jak czworoboczne oczko abcd pokazane na Rys.. Tak więc, jeden ma

$$\int_{abcd}\left(\frac{\partial Q}{\partial t}\right) dxdy = -\int_{abcd}\left(\frac{\partial E}{\partial x}+\frac{\partial F}{\partial y}\right) dxdy .... (3.24)$$

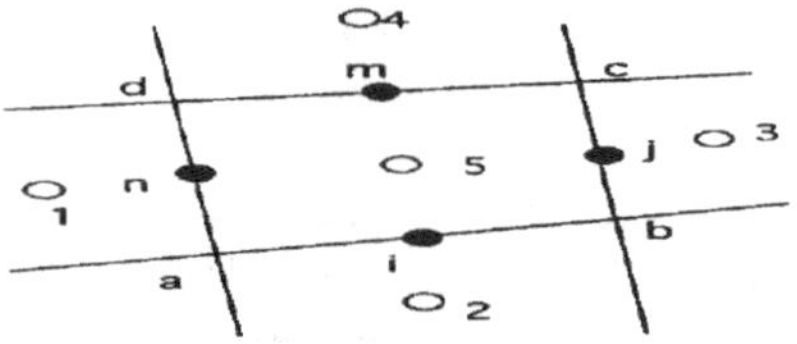

Rys. 3.3: Schemat układu centrującego komórki [38]

Twierdzenie Greena stosuje się do równania, jak pokazano powyżej. Które zamieniają całki powierzchni na całki liniowe. Tak więc równanie jest napisane w nowej formie

$$\int_{abcd}\left(\frac{\partial Q}{\partial t}\right) dxdy = -\oint_{abcd}(Edy\text{-}Fdx) .... (3.25)$$

Równanie to służy do opracowania schematu typu komórka-punkt oraz schematu typu punkt-punkt[37].

3.5.3 Program skoncentrowany na komórkach: Zmienna zależna Q w równaniu (3.25) ma być rozwiązana w węźle 5, który znajduje się w środku elementu, a zatem schemat jest określany jako schemat zorientowany na komórki[38].

3.5.4 Program centrowy Vertex: W tym podejściu zmienna zależna Q jest oceniana w punktach takich jak m, j itd. Tak więc to podejście znane jest jako system punktowy.

W metodzie FVM, gdy rozwiązanie jest dostępne tylko w węzłach obliczeniowych (ośrodkach CV), wymagana jest interpolacja, aby uzyskać wartości funkcji w punktach kwadraturowych. Niektóre z technik używanych do interpolacji to: Przybliżenie różnic wiatrowych (UDS), przybliżenie różnic centralnych (CDS), liniowy system różnic wiatrowych (LUDS) i kwadratowy system różnic wiatrowych (QUICK) [38].

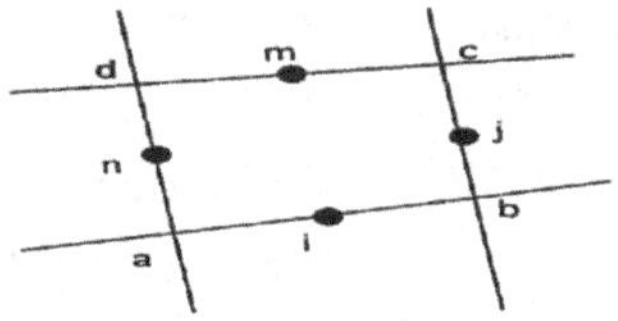

Rys. 3.4: Schemat schematu programu centrowego Vertex [36]

3.5.5 Etapy symulacji CFD: Zasadniczo symulacje CFD prowadzone są w trzech sekcjach, takich jak przetwarzanie wstępne, solwer i obróbka końcowa, przedstawionych na rysunku 3.5.

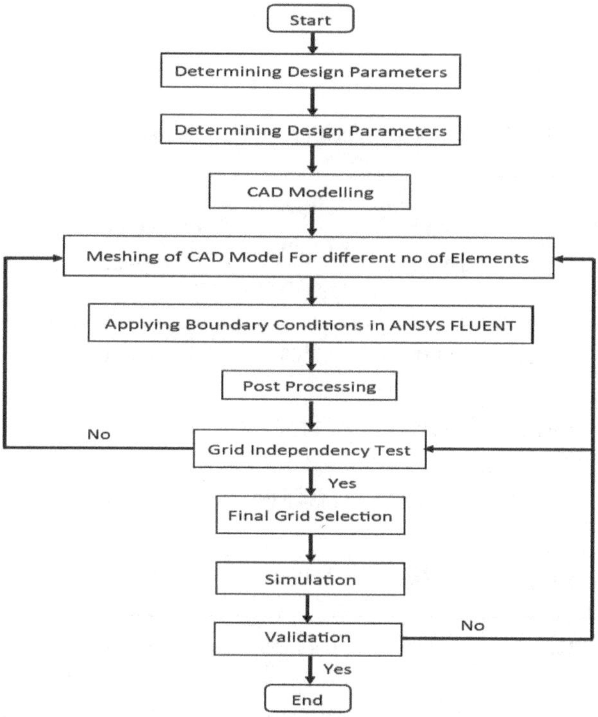

Rys. 3.5: Schemat etapów symulacji przepływu CFD [38]

3.6 Przygotowanie nano-chłodziwa

Do niniejszych badań wybrano czynnik chłodniczy R12, R134a i R152a. Walidacja pracy przeprowadzana jest za pomocą R12 Chen et al. [35] oraz Ingle et al. [34]. Do niniejszych badań wybrano czynnik chłodniczy R134a i R152a, a dla lepszego chłodzenia wybrano nano-cząsteczki Al2O3. Z termicznymi właściwościami fizycznymi proponowanego czynnika chłodniczego. Właściwości nanocząsteczek i czynników chłodniczych podano w tabelach jak pokazano. Pierwsza symulacja przypadku została przeprowadzona w celu zatwierdzenia kodu za pomocą czynnika chłodniczego R12. Symulację drugiego przypadku przeprowadzono przy użyciu hybrydowego czynnika chłodniczego R134a+R152a o uśrednionych właściwościach. Symulacja trzeciego przypadku została przeprowadzona dla R134a+R152a+Al2O3.

Tabela 3.2: Właściwości termofizyczne czynników chłodniczych

Czynniki chłodnicze	**Faza**	**Gęstość (kg/m3)**	**Ciepło właściwe (J/kg.K)**	**Przewodność cieplna (W/m.K)**	**Lepkość (Ns/m2)**
R12	Liquid	1304	1500	0.0686	0.000213
	Opary	16.25	1476	0.0156	1.17e-05
R134a	Liquid	1179.998	1454.656	0.081	0.0181
	Opary	19.72	1349.04	0.0212	3.6509e-05
R134a+R152a	Liquid	1217.49	1345.156	0.071	0.000408
	Opary	21.725	1230.04	0.0162	8.21452e-05

3.6.1 Matematyczny model Nano-chłodnicy:

Do określenia właściwości fizykochemicznych nano-chłodników stosuje się następujące równania [29]:

Ciepło właściwe nano-chłodników: Ciepło właściwe nano-chłodników wynosi[29]-

$$Cp = (1\text{-}C)\ Cp1 + Cp2$$

Przewodność cieplna nano-chłodnic: przewodność cieplna nano-chłodnic wynosi [29]-

$$k = k1\ [(K2 + 2k1 - 2C\ (k1\text{-}k2))/(K2 + 2k1 + C\ (k1\text{-}k2))].$$

Lepkość nano-chłodników: lepkość nano-chłodników wynosi [29]-

$$\mu = \mu 1[(\frac{1}{1\text{-}C})*2.5]$$

Gęstość nano-chłodników: gęstość nano-chłodników wynosi [29]-

$$\rho = (1\text{-}C)\ \rho 1 + C\rho 2$$

Gdzie:

Cp = ciepło właściwe, C = ułamek objętościowy

Tabela 3.3: Właściwości fizyczne nano-chłodnicy

Nanocząsteczki i Nanoreduktor	**Faza**	**Gęstość (kg/m3)**	**Ciepło właściwe (J/kg.K)**	**Przewodność cieplna (W/m.K)**	**Lepkość (Ns/m2)**
Al2O3	Solidny	3880	729	40	-
R134a+R152a+Al2O3	Liquid	1654.32	1254.68	0.065	0.000995
	Opary	16.542	1125.41	0.045	6.65e-05

Rozdział 4

PROJEKTOWANIE I ANALIZA UKŁADU CHŁODNICZEGO WYKORZYSTUJĄCEGO SPRĘŻANIE PAR PRZY UŻYCIU CFD

Obliczeniowy model dynamiki płynów w rurce kapilarnej został wykonany z uwzględnieniem warunków adiabatycznych na ścianie rurki kapilarnej. Model jest tworzony w programie ANSYS Design Modeler i łączony w siatkę w programie ANSYS ICEM CFD z przeprowadzoną analizą czułości siatki. Analiza CFD jest wykonywana w ANSYS FLUENT z uwzględnieniem jednorodnego modelu przepływu rozdzielonego.

4.1. Specyfikacje geometryczne

Prosta rurka kapilarna ma średnicę wewnętrzną 0,66 mm i długość 1,5 m. Szczegóły geometrii pochodzą z Ingle et. al. 34], ponieważ analizę CFD przeprowadzono w celu symulacji wyników spadku ciśnienia w rurce kapilarnej uzyskanych z danych z eksperymentu Chena i wsp. ANSYS Design Modeler jest używany do tworzenia geometrii. Model Designer Modeler CFD Tube został zaimportowany do ANSYS ICEM CFD z odpowiednio oznakowanymi normalnie wybranymi powierzchniami jak nazwa Wlot i Wylot oraz adiabatyczna ścianka rurki kapilarnej.

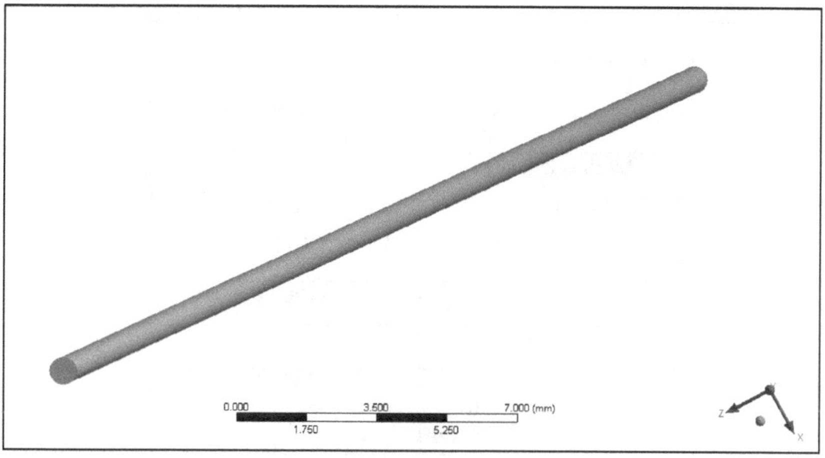

Rysunek 4.1: Domena obliczeniowa adiabatycznej rurki kapilarnej

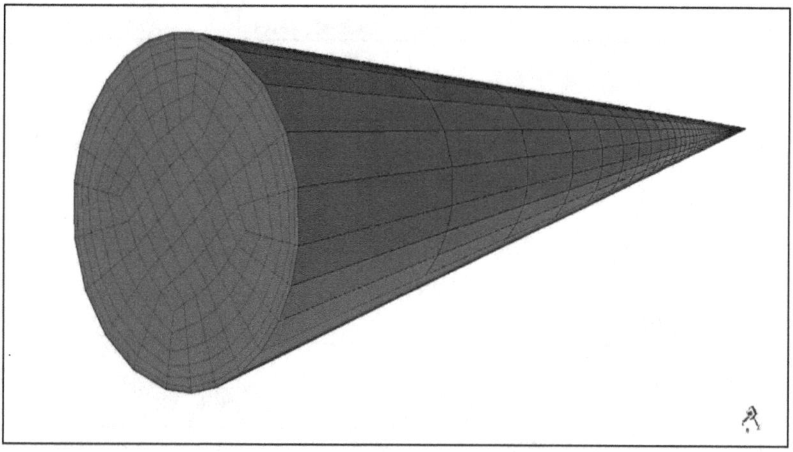

Rys. 4.2: Widok siatki rurki kapilarnej

4.2. Test na niezależność siatki

Zaimportowany model z ANSYS Space-Claim został połączony w siatkę ANSYS Meshing z wykonaną Analizą Czułości Mesh. Zmierzono zmienność spadku ciśnienia w określonym punkcie monitora. Uzyskane dane o spadku temperatury w stosunku do wielkości siatki zostały wykreślone na wykresie w celu zawężenia liczby elementów, które należy wybrać do optymalnej wielkości siatki. Uzyskane dane z wykresu zostały następnie zestawione w tabelach

Tabela 4.1: Zmienna temperatura na wylocie z przyrostową wielkością siatki.

Liczba elementów	**Outlet Temp**
50465	298.56
120452	297.65
178821	296.12
350000	296.021
702400	295.94
1002345	296.2
1500000	296.22

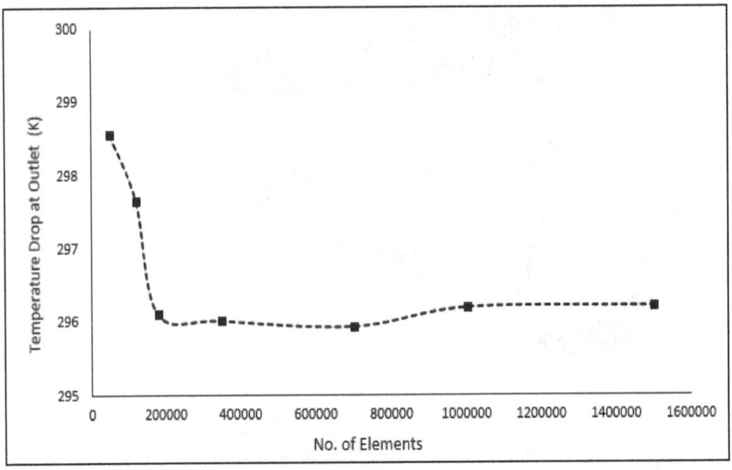

Rysunek 4.3: Test na niezależność siatki

Wielkość siatki wahała się od 50465 elementów do 1500000 elementów. Zmiany spadku temperatury na wylocie zostały zanotowane dla danego punktu monitorowego. Niewielkie zróżnicowanie zaobserwowano w zakresie wielkości siatki po 178821 r. elementów Hexa. Optymalna wielkość siatki została wybrana na 178821. A analiza CFD została przeprowadzona przy tej wielkości siatki.

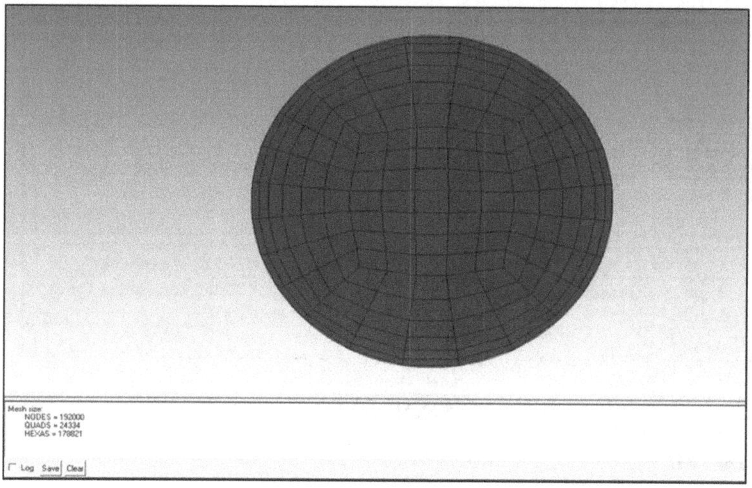

Rysunek 4.4: Widok siatki w ICEM CFD z liczbą elementów

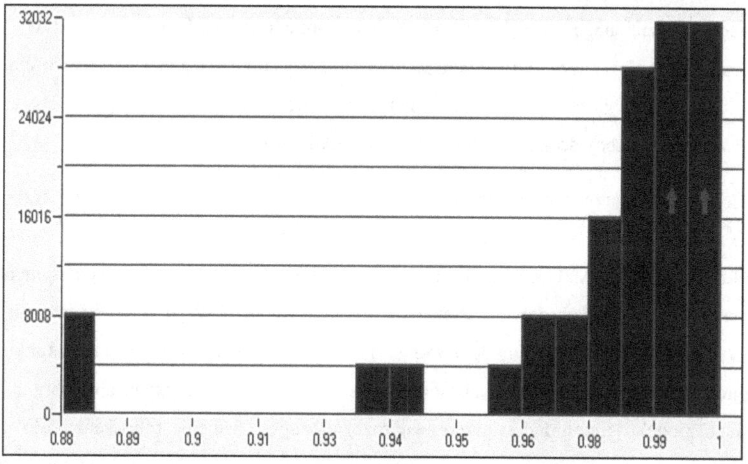

Rys. 4.5: Ortogonalna jakość siatki

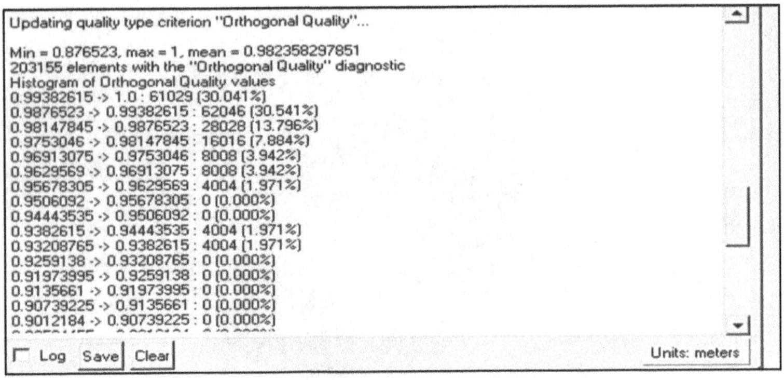

Rys. 4.6: Statystyka jakości ortogonalnej

4.3. Analiza CFD

Do przeprowadzenia analizy CFD wybierany jest model homogenicznego wydzielonego przepływu. Jednorodny model przepływu rozdzielonego został wyjaśniony w przeglądzie literatury. Model jednorodnego wydzielonego przepływu uwzględnia uśrednione właściwości przepływu. W tym badaniu ściana rury skraplacza jest pobierana w warunkach adiabatycznych. Właściwościami, które należy uśrednić są więc gęstość i lepkość kinematyczna. Uśredniona gęstość jest podawana za pomocą jednego równania. Ale żeby dowiedzieć się, jaka jest średnia. [41]

Analiza CFD została przeprowadzona na ANSYS FLUENT. Do analizy wybrano trzy czynniki chłodnicze R134a, mieszaninę 50%R134a+50%R152a oraz nanoczynnik 80%(R134a+R152a)+20%Al2O3. Geometria została wybrana zgodnie z analizą eksperymentalną. Ze względu na niską prędkość obrotową nieściśliwego przepływu burzliwego wybrano roztwór na bazie ciśnienia stałego o standardowym modelu K-epsilonu. Wybrano również wzmocnioną funkcję ściany przy uwzględnieniu efektów gradientu ciśnienia. Uśrednione właściwości materiału pobrano z analizy analitycznego modelu jednorodnego przepływu rozdzielonego. Ciśnienie robocze zostało ustawione jako ciśnienie nasycenia przy rozpatrywanej temperaturze nasycenia. Zastosowano prosty algorytm sprzęgania ciśnieniowo-prędkościowego[36]. Analiza została przygotowana w następujący sposób:

4.3.1 Kroki CFD: Po podaniu nazwy granicy, jako solvera używa się płynnego oprogramowania.

Jest on domyślnie używany w ramach współczynników relaksacji do rozpoczęcia obliczeń. W ramach relaksacji jest w celu ustabilizowania iteracyjnego procesu dla rozpuszczalnika opartego na ciśnieniu. [ANSYS 18.2]

Model	**Ustawienia**
Przestrzeń	3D
Czas	Stały
Lepki	Realny model turbulencji k-epsilonowej
Traktowanie ścian	Standardowe funkcje ścienne
Wymiana ciepła	Włączony
Zagęszczanie i topienie	Niepełnosprawni
Radiacja	Brak

Warunki brzegowe

Warunki ustawienia

Wlot

Stan:	Wartość
Ciśnienie całkowite (paskal)	979812,8
Temperatura całkowita (k)	305
Średnica hydrauliczna (m)	0.00066

Outlet

Stan:	Wartość
Ciśnienie w manometrze (paskal)	295869
Przepływ wsteczny Średnica hydrauliczna (m)	0.00066

Ustawienia resolwera

Równania

Równanie	Rozwiązany
Przepływ	tak
Frakcja objętościowa	tak
Turbulencje	tak
Energia	tak

Pod czynnikiem relaksującym

Zmienna	Czynnik relaksujący
Ciśnienie	0.5
Gęstość zaludnienia	1
Siły Zbrojne	1
Momentum	0.5
Masa odparowująca	0.5
Frakcja objętościowa	0.5
Turbulentna energia kinetyczna	0.5
Turbulentna stopa rozproszenia	0.5
Turbulentna lepkość	0.5
Energia	0.5

4.3.2 Program dyskretyzacji: CFD modal solution (setup):- Schematy dyskretyzacji definiują sposób, w jaki solver oblicza gradienty i interpoluje zmienne do miejsc nie zapisanych. Systemy domyślne są na ogół bardziej odpowiednie, ale mniej dokładne niż inne systemy.

Zmienna	Schemat
Ciśnienie	PRESTO!
Momentum	Drugi porządek na wietrze
Frakcja objętościowa	Drugi porządek na wietrze
Turbulentna energia kinetyczna	Drugi porządek na wietrze
Turbulentna stopa rozproszenia	Drugi porządek na wietrze
Energia	Drugi porządek na wietrze

Limity rozwiązań

Ilość	Limit
Minimalne ciśnienie bezwzględne	1
Maksymalne ciśnienie bezwzględne	5e+10
Temperatura minimalna	1
Temperatura maksymalna	5000
Minimalny Turb. Energia kinetyczna	1e-14
Minimalny Turb. Stopa rozproszenia	1e-20
Maksymalny Turb. Współczynnik lepkości	100000

4.3.3 Kryteria konwergencji: Run solution (rozwiązanie):-Fluent zgłasza wartość reszt, które są oznaką błędu w bieżącym rozwiązaniu. Powinny one zmniejszyć się podczas obliczeń. Istnieją wytyczne dotyczące redukcji, które wskazują, że rozwiązanie jest "zbieżne".

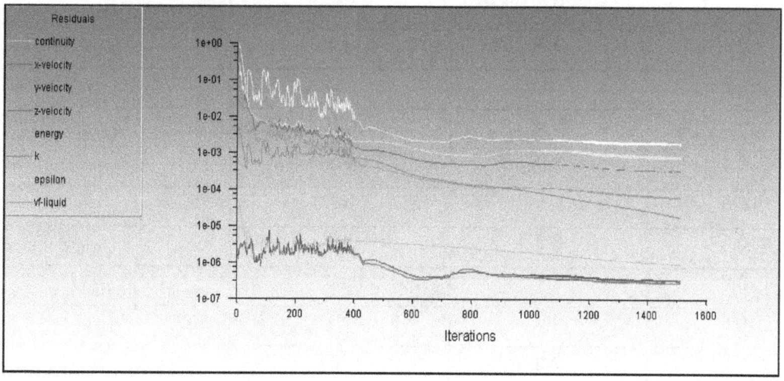

Rys. 4.7: Kryteria konwergencji

4.4 Walidacja kodu CFD

W niniejszym badaniu czynnik chłodniczy R12 jest rozpatrywany i zatwierdzany na podstawie danych doświadczalnych z Chen i wsp. [35] oraz danych CFD z Ingle i wsp. [34]. W walidacji kodu brana jest pod uwagę prosta rurka kapilarna o średnicy 0,66mm i długości 1,5m[34]. Geometria ta jest używana do walidacji kodu, a także wykorzystywana w niniejszym opracowaniu. Obecne wyniki badań CFD dotyczące spadku ciśnienia są potwierdzone danymi doświadczalnymi Chen et al. [35] oraz danymi CFD ingle et al. [34], jak pokazano na poniższym rysunku i w tabeli.

Tabela 4.2 Warunki przepływu czynnika chłodniczego R12

Parametry	Szpilka (sztabka)	Pout (bar)	Cyna (K)	Chropowatość $\in/D$	D(mm)	Masowe natężenie przepływu (kg/s) Mo
Wartości	9.67	308	308	3.0303*10-3	0.66	

Tabela 4.3: Walidacja niniejszych badań z Ingle et al [34] i Chen et al.[35] CFD oraz prace doświadczalne odpowiednio dla czynnika chłodniczego R12.

Położenie osiowe (m)	Ciśnienie (bar) Eksp.	Ciśnienie (bar) CFD	Ciśnienie (bar) CFD
	Chen i inni.	Ingle et al. (2015)	Obecne studium
0	9.4	9.6	9.671
0.1	9.3	9.5	9.456
0.2	9.2	9.2	9.225
0.3	9.0	9.0	8.996
0.4	8.8	8.8	8.785
0.5	8.6	8.5	8.547
0.6	8.3	8.3	8.308
0.7	8.1	8.0	8.0145
0.8	7.9	7.7	7.745
0.9	7.6	7.5	7.468
1	7.4	7.2	7.214
1.1	7.2	6.9	6.854
1.2	6.9	6.4	6.448
1.3	6.3	5.9	5.887
1.4	5.1	4.8	4.824
1.5	3.4	2.6	2.648

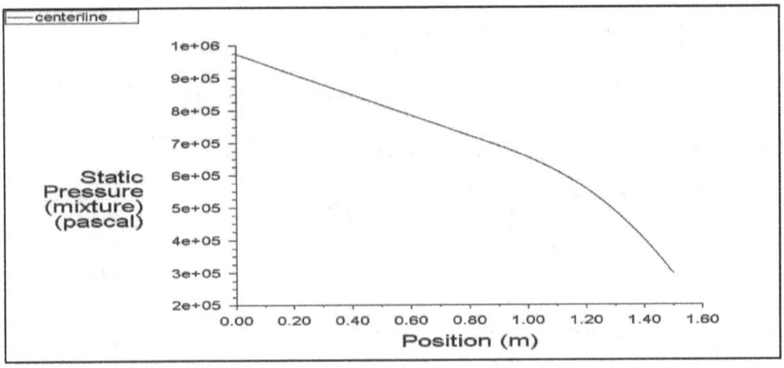

Rysunek 4.8: Spadek ciśnienia w obecnym badaniu CFD z FLUENT dla R12

Rysunek 4.8 pokazuje zmiany w spadku ciśnienia w adiabatycznej rurce kapilarnej wraz ze wzrostem jej długości. Na wlocie prostej kapilary adiabatycznej wynosi 9,73492 bara, a na wylocie prostej kapilary adiabatycznej 2,95869 bara, co jest spowodowane wzrostem strat tarcia wzdłuż kapilary w dwufazowym obszarze przepływu. Tak więc całkowity spadek ciśnienia wynosi 6,77623 bar.

Na rysunku 4.9 pokazano, że obecne wyniki badań (CFD) rozkładów ciśnień wzdłuż adiabatycznej rurki kapilarnej uzyskane na podstawie obecnego modelu i danych doświadczalnych Chena i wsp.[35] są prawie takie same. Jest to więc najlepsza zgodność z danymi doświadczalnymi Chena i wsp.[35] dotyczącymi warunków wlotowych i wylotowych oraz średnicy rurki kapilarnej dwufazowej.

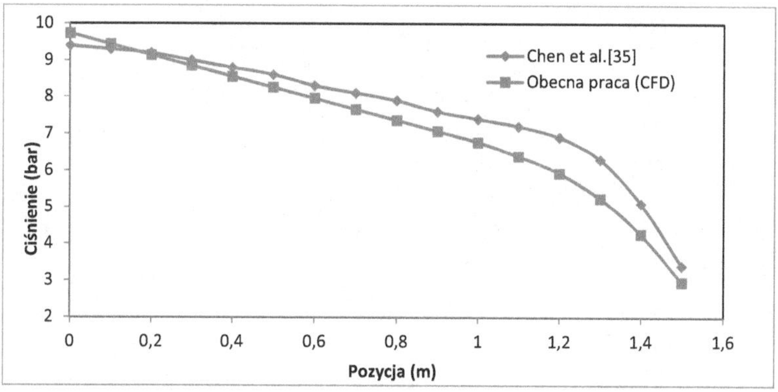

Rys. 4.9: Wykres walidacyjny niniejszych badań z danymi doświadczalnymi Chen i in.

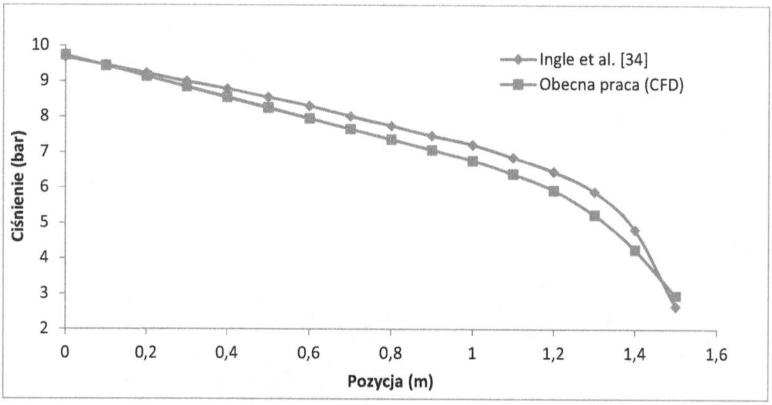

Rys. 4.10: Wykres walidacyjny niniejszego badania z danymi CFD Ingle et al.

Na rysunku 4.10. pokazano, że obecne wyniki badań (CFD) rozkładów ciśnień wzdłuż adiabatycznej rurki kapilarnej uzyskane na podstawie obecnego modelu i danych CFD Ingle'a i wsp. [34] są prawie takie same. Tak więc jest to ponownie najlepsze uzgodnienie z danymi CFD Ingle et al.[34] dla warunków wlotowych i wylotowych oraz średnicy rurki kapilarnej dwufazowej.

Rozdział 5

WYNIKI I DYSKUSJA

W niniejszej pracy badana jest dwufazowa analiza przepływu dla prostej rurki kapilarnej i zatwierdzana danymi doświadczalnymi i CFD. [33-34]Poniższe wyniki pokazują badania porównawcze pomiędzy spadkiem temperatury, ciśnienia, prędkości, tworzenia się frakcji objętościowej pary i szybkości przenoszenia masy w rurce kapilarnej dla różnych przypadków czynników chłodniczych.

5.1 Zmiany ciśnienia

Poniższe wykresy i tabela 5.1 przedstawiają wyniki porównawcze spadku ciśnienia w rurce kapilarnej w odniesieniu do długości. Gdy wartość lokalizacji wzrasta, ciśnienie spada, jak pokazano na rysunku.

Tabela 5.1: Spadek ciśnienia w rurze kapilarnej w odniesieniu do długości

	Spadek ciśnienia (Pa)		
Lokalizacja (m)	**R134a**	**50%R134a+50%152a**	**80%(R134a+152a)+20%al2o3**
0	972171	975396	976784
0.1	940149	939891	938952
0.2	908025	904093	900709
0.3	876381	868829	863036
0.4	844256	833031	824793
0.5	812612	797768	787120
0.6	780487	761970	748877
0.7	748361	726172	710633
0.8	716714	690911	673243
0.9	684545	653522	633519
1	648135	611421	590946
1.1	604244	563141	543470
1.2	550205	508475	491017
1.3	483083	447274	433701
1.4	398374	376269	368547

1.5	295869	295869	295869

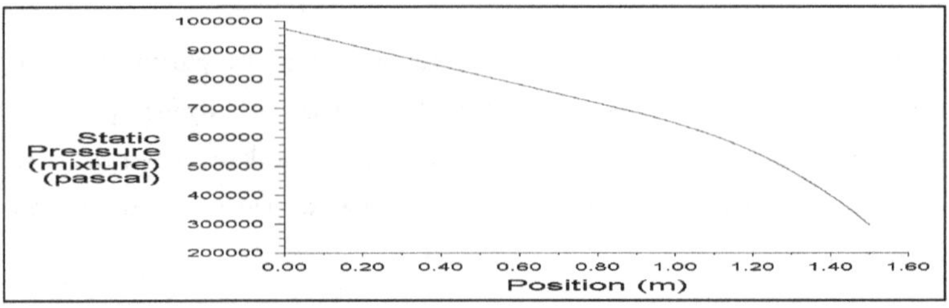

Rys. 5.1: Zmiany ciśnienia w rurce kapilarnej dla czynnika chłodniczego R134a

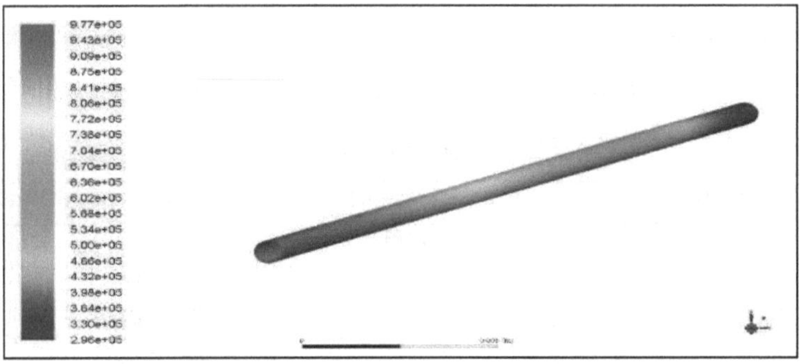

Rys. 5.2: Profil konturowy rozkładu ciśnienia w rurze dla czynnika chłodniczego R134a

Rysunki 5.1 i 5.2 przedstawiają rozkład ciśnienia wzdłuż adiabatycznej prostej rurki kapilarnej dla R134a. Na wlocie prostej kapilary adiabatycznej jest 972171 Pascal, a na wylocie prostej kapilary adiabatycznej jest 295869 Pascal, więc całkowity spadek ciśnienia wzdłuż kapilary wynosi 676302 Pa.

który powstaje w wyniku strat tarcia wzdłuż rurki kapilarnej w dwufazowym obszarze przepływu. Rysunek 5.2 przedstawia czerwony obszar wlotowy z czystym ciekłym czynnikiem chłodniczym, niebieski obszar wylotowy z rurki kapilarnej z dwufazowym czynnikiem chłodniczym (cieczą i parą) w rurce kapilarnej. Moje wyniki analizy numerycznej czynnika chłodniczego R134a spadku ciśnienia są podobne do danych z eksperymentu Liang i in.[32]. Więc nasz wynik jest dobry.

Rysunki 5.3 i 5.4 przedstawiają rozkład ciśnienia wzdłuż adiabatycznej prostej rurki kapilarnej dla hybrydowego czynnika chłodniczego lub mieszaniny R134a+R152a. Ciśnienie na wlocie prostej adiabatycznej rurki kapilarnej wynosi 975396 Pascala, a na wylocie 295869 Pascala, stąd całkowity spadek ciśnienia wynosi 679527 Pa. W tym przypadku hybrydowy czynnik chłodniczy R134a+R152a ma większy spadek ciśnienia niż R134 ze względu na doskonałe właściwości termodynamiczne R152a [11].

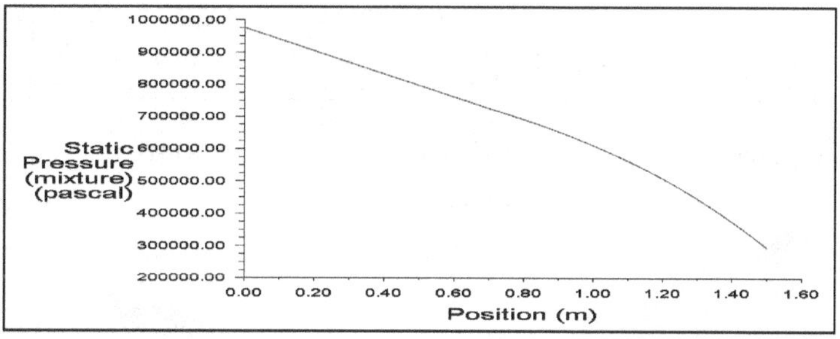

Rysunek 5.3: Zmiana ciśnienia w rurce kapilarnej dla mieszaniny czynników chłodniczych 50% R134a+ 50% R152a

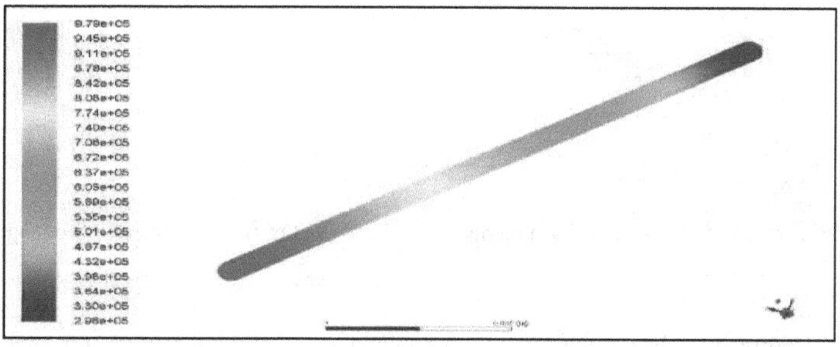

Rysunek 5.4: Profil rozkładu ciśnienia w rurze dla mieszaniny czynników chłodniczych 50%R134a+50%R152a

Rysunek 5.4 przedstawia region czerwony, na wlocie którego znajduje się czysty płynny czynnik chłodniczy, a niebieski wylot rurki kapilarnej, w której znajduje się dwufazowy czynnik chłodniczy (ciecz i pary).

Moje wyniki analizy numerycznej czynnika chłodniczego R134a+R152a spadku ciśnienia są lepsze niż dane z eksperymentu Liang i in.[32].

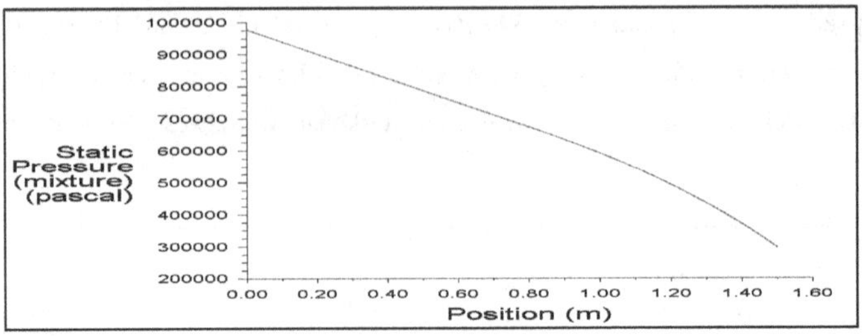

Rys. 5.5: Zmiana ciśnienia w rurce kapilarnej dla nano-chłodnicy 80% (R134a+R152a) +20%Al2O3

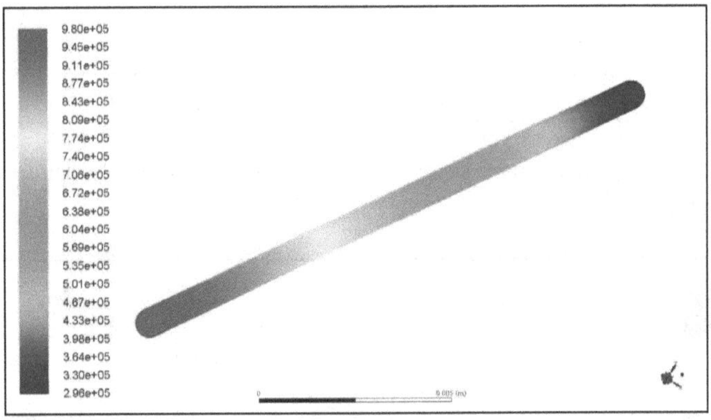

Rys. 5.6: Profil konturowy rozkładu ciśnienia w rurze dla nano- czynnika chłodniczego 80% (R143a+R152a) +20% Al2O3

Rysunki 5.5 i 5.6 przedstawiają rozkład ciśnienia na wykresie i konturze wzdłuż adiabatycznej prostej rurki kapilarnej dla nano-chłodnika R134a+R152a+ Al2O3. Ciśnienie wlotowe prostej adiabatycznej rurki kapilarnej wynosi 976784 Pascala, a na wylocie 368547 Pascala, zatem całkowity spadek ciśnienia wynosi 608237 Pa, co wynika z połączenia nano-cząsteczek Al2O3 z hybrydowym czynnikiem chłodniczym, ponieważ nano-cząsteczki (Al2O3) mają wysoką przewodność cieplną. Rysunek 5.6 przedstawia region czerwony, na wlocie którego znajduje się czysty płynny czynnik chłodniczy, a niebieski wylot rurki kapilarnej, w której znajduje się dwufazowy czynnik chłodniczy (ciecz i pary). W tym przypadku nano czynnik chłodniczyR134a+R152a+ Al2O3 wykazuje zwiększony spadek ciśnienia.

Moje wyniki analizy numerycznej czynnika chłodniczego R134a+R152a+Al2O3 spadku ciśnienia są lepsze niż dane z eksperymentu Liang i in.[32].

Rysunek 5.7 przedstawia analizę porównawczą rozkładu ciśnienia wzdłuż prostej adiabatycznej rurki kapilarnej dla R134a, R134a+R152a i nano-czynnika R134a+R152a+Al2O3. W przypadku nano-czynnika chłodniczego R134a+R152a+Al2O3 występują zwiększone spadki ciśnienia w porównaniu do innych przypadków. Tak więc nano-czynnik chłodniczy (R134a+R152a+Al2O3) daje lepsze wyniki w porównaniu z innymi czynnikami chłodniczymi.

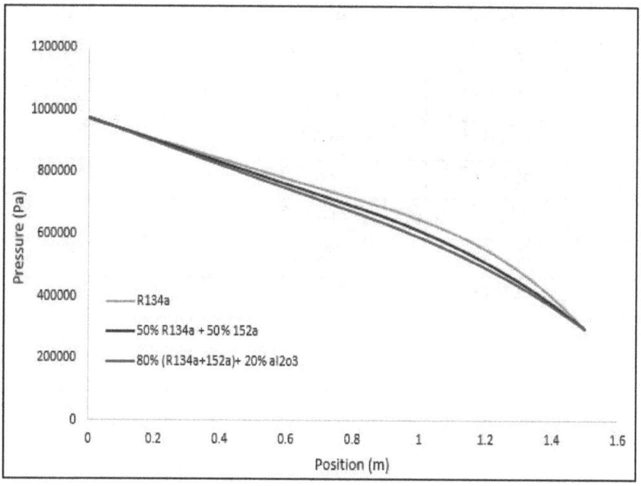

Rys. 5.7: Porównanie zmian ciśnienia w rurce kapilarnej

5.2 Zmiany temperatury

Poniższe wykresy przedstawiają zmiany w spadku temperatury czynnika chłodniczego R134a, 50%R134a+ 50%R152a (mieszanina) i 80%(R134a+R152a)+20%Al2O3 (mieszanina) nano czynnika chłodniczego. Wyniki pokazują, że dodanie nanocząsteczek do czynnika chłodniczego zwiększa spadek temperatury, jak pokazano na rysunkach i w tabeli.

Tabela 5.2: Zmiany w spadku temperatury w odniesieniu do długości

Temperatura (K)

Lokalizacja (m)	R134a	50%R134a+50%152a	80%(R134a+152a)+20%al2o3
0	305	305	305
0.1	305	305	305
0.2	305	305	305
0.3	305	305	305
0.4	305	305	305
0.5	305	305	305
0.6	304.997	304.925	305
0.7	304.823	304.674	305
0.8	304.682	304.653	304.555
0.9	304.775	304.022	303.11
1	304.132	302.626	301.482
1.1	302.898	300.918	299.613
1.2	301.395	298.909	297.487
1.3	299.569	296.566	295.088
1.4	297.267	293.737	292.266
1.5	294.435	290.459	289.015

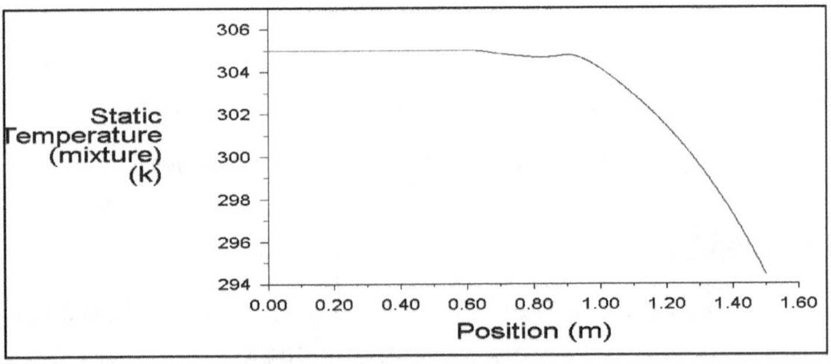

Rys. 5.8: Spadek temperatury w rurce kapilarnej dla czynnika chłodniczego R134a

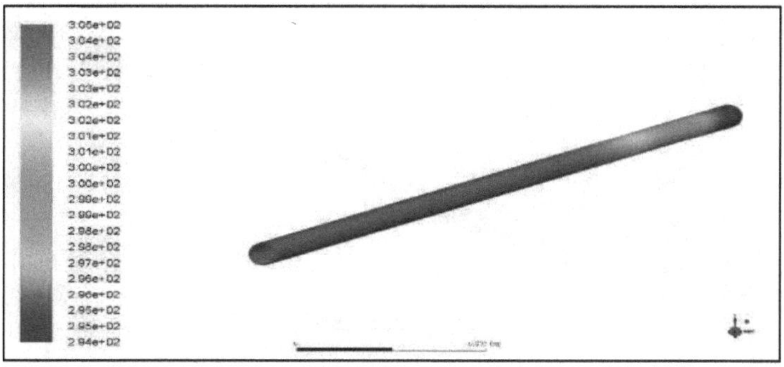

Rys. 5.9: Profil konturowy rozkładu temperatury w rurze dla czynnika chłodniczego R134a

Rysunki 5.8 i 5.9 przedstawiają zmiany temperatury na wykresie i konturze wzdłuż adiabatycznej rurki kapilarnej dla R134a. W obszarze chłodzonej cieczy temperatura jest stała wzdłuż rury, natomiast po osiągnięciu temperatury zapłonu czynnika chłodniczego gwałtownie spada. W tym momencie ciekły czynnik chłodniczy zmienia się w fazie parowej. Na wlocie prostej adiabatycznej rurki kapilarnej jest 305 Kelwinów, a na wylocie prostej adiabatycznej rurki kapilarnej jest 294,435 Kelwinów. Całkowity spadek temperatury wynosi 10,57K. Rysunek 5.9 przedstawia czerwony obszar wlotu czystego płynnego czynnika chłodniczego, niebieski obszar wylotu rurki kapilarnej, w której znajduje się dwufazowy czynnik chłodniczy (płynny i parowy).

Moje wyniki analizy numerycznej spadku temperatury czynnika chłodniczego R134a są podobne do danych doświadczalnych Liang i in.[32]. Więc nasz wynik jest dobry.

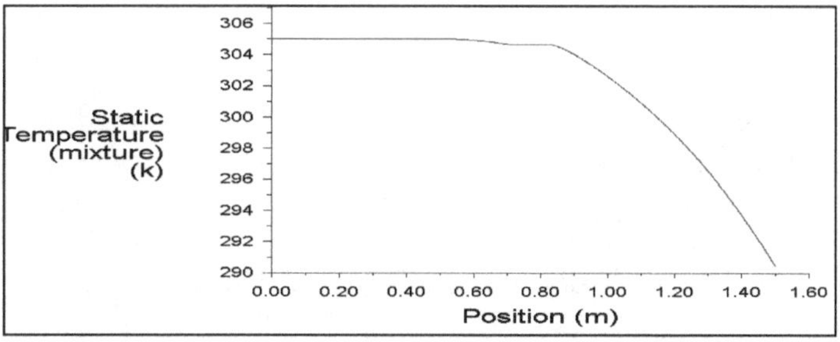

Rys. 5.10: Spadek temperatury w rurce kapilarnej dla mieszaniny czynników chłodniczych 50% R134a+50%R152a

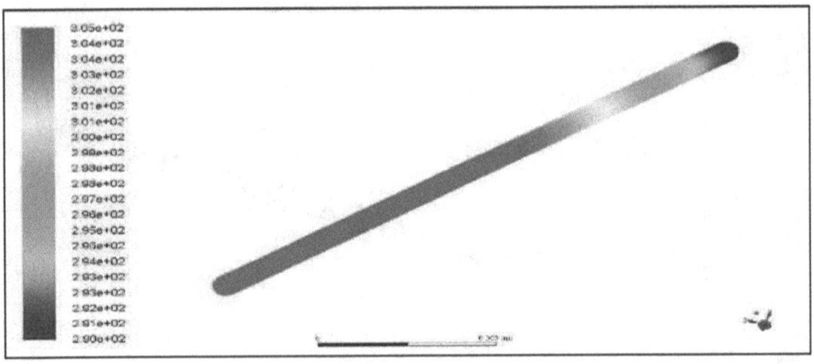

Rys. 5.11: Profil konturowy rozkładu temperatury w rurze dla mieszaniny czynników chłodniczych 50%R134a+50%R152a

Na rysunkach 5.10 i 5.11 przedstawiono zmiany temperatury na wykresie i konturze wzdłuż prostej rurki kapilarnej dla R134a+R152a. W obszarze chłodzonej cieczy temperatura jest stała wzdłuż rury, natomiast po osiągnięciu temperatury zapłonu czynnika chłodniczego gwałtownie spada. W tym momencie ciekły czynnik chłodniczy zmienia się w fazie parowej Na wlocie prostej kapilarnej rurki adiabatycznej jest 305 Kelwinów, a na wylocie rurki kapilarnej 290,459 Kelwinów. Rysunek 5.11 przedstawia czerwony obszar wlotu czystego płynnego czynnika chłodniczego, a niebieski obszar wylotu rurki kapilarnej, w której znajduje się dwufazowy czynnik chłodniczy (płynny i parowy). Całkowity spadek temperatury wynosi 14,54K.

Moje wyniki analizy numerycznej czynnika chłodniczego R134a+R152a spadku temperatury są lepsze od danych doświadczalnych Liang i in.[32].

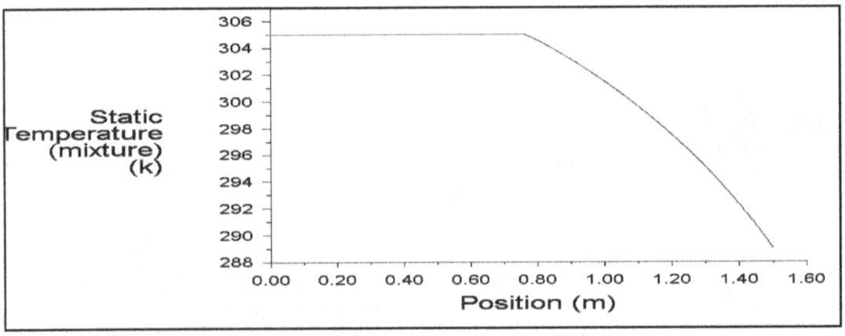

Rys. 5.12: Spadek temperatury w rurce kapilarnej dla nano-chłodnicy 80% (R134a+R152a) +20% Al2O3

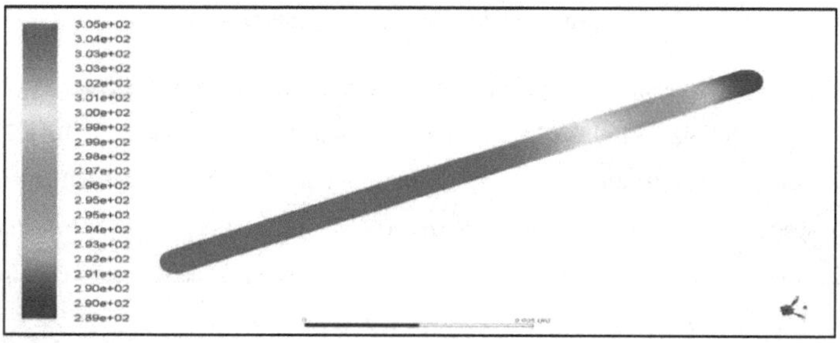

Rys. 5.13: Profil konturowy rozkładu temperatury w rurze dla nano-chłodziwa 80%(R134a+R152a)+20%Al2O3

Na rysunkach 5.12 i 5.13 przedstawiono zmiany temperatury na wykresie i konturze wzdłuż prostej adiabatycznej rurki kapilarnej dla nano-chłodziwa R134a+R152a+Al2O3 W obszarze chłodzonej cieczy temperatura jest stała wzdłuż rurki, natomiast po osiągnięciu temperatury zapłonu czynnika chłodniczego gwałtownie spada. W tym momencie płynny czynnik chłodniczy zmienia się w fazie parowej Na wlocie kapilarnej rurki adiabatycznej jest 305 Kelwinów, a na wylocie prostej kapilarnej rurki adiabatycznej jest 289,015 Kelwinów. Rysunek 5.13 przedstawia czerwony obszar wlotu czystego płynnego czynnika chłodniczego, a niebieski obszar wylotu rurki kapilarnej, w której znajduje się dwufazowy czynnik chłodniczy (płynny i parowy). Całkowity spadek temperatury wynosi 15,99K.

Moje wyniki analizy numerycznej spadku temperatury czynnika chłodniczego R134a+R152a+Al2O3 są lepsze niż dane z eksperymentu Liang i in.[32].

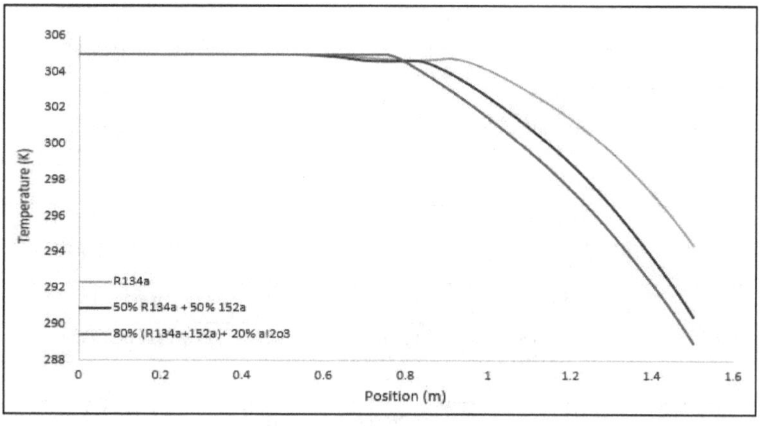

Rys. 5.14: Porównawcza zmiana spadku temperatury w rurce kapilarnej

Rysunek 5.14 przedstawia zmiany temperatury na wykresie i konturze wzdłuż adiabatycznej prostej rurki kapilarnej dla R134a, R134a+R152a i nanohydraulicznego czynnika R134a+R152a+Al2O3. porównawcze zmiany temperatury w miarę wzrostu długości. W przypadku nano czynnika chłodniczego spadek temperatury następuje wcześniej niż przed 0,8 m w porównaniu z innymi przypadkami. Mówi się, że punkt zapłonu występuje wcześnie w przypadku nano-chłodni. Tak więc maksymalny spadek temperatury występuje w przypadku nano-chłodni.

5.3 Zmiany we frakcji objętościowej pary wodnej

Poniższe wykresy przedstawiają zmienność frakcji objętościowej pary dla czynnika chłodniczego R134a, R4134a+R152a (mieszanina) i R143a+R152a+Al2O3 (mieszanina). Wyniki pokazują, że dodanie nanocząsteczek do czynnika chłodniczego zwiększa ułamek objętościowy tworzenia się oparów, jak pokazano na rysunkach.

Tabela 5.3: Zmienność frakcji objętościowej pary wodnej w zależności od długości

	Objętość pary Frakcja objętościowa		
Lokalizacja (m)	**R134a**	**50%R134a+50%152a**	**80%(R134a+152a)+20%al2o3**
0	0	0	0
0.1	0	0	0
0.2	0	0	0
0.3	0	0	0
0.4	0	0	0
0.5	0	0	0
0.6	0	0	0
0.7	0	0	0
0.8	0	0	0.147393
0.9	0.002368	0.166467	0.426489
1	0.224574	0.386036	0.584393
1.1	0.438296	0.537388	0.686148
1.2	0.580113	0.640922	0.756294
1.3	0.679365	0.714397	0.806814
1.4	0.754427	0.771	0.845716

1.5	0.810885	0.815304	0.875586

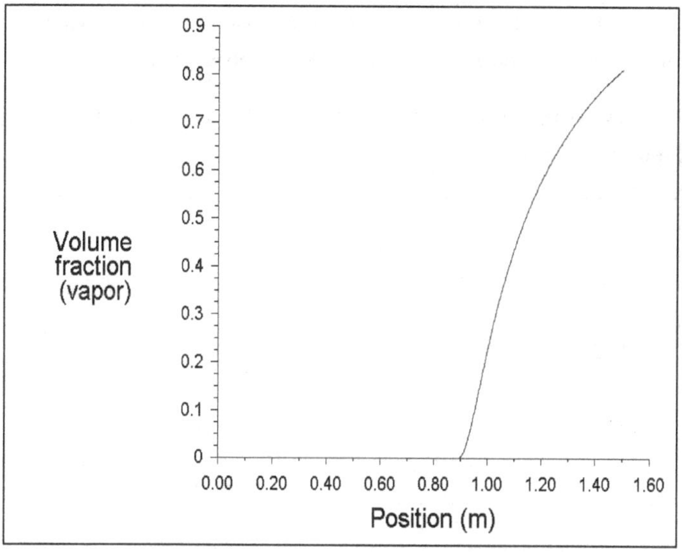

Rys. 5.15: Frakcja objętościowej pary wodnej w rurce kapilarnej dla czynnika chłodniczego dla R134a

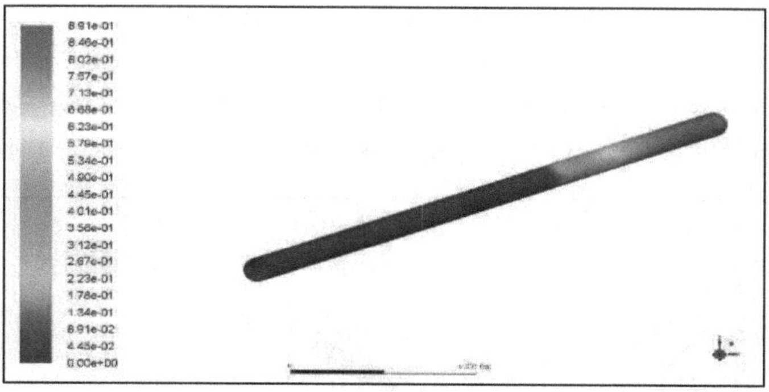

Rys. 5.16: Profil konturowy dystrybucji frakcji objętościowej par w rurze dla czynnika chłodniczego R134a

Rysunek przedstawia zmianę wykresu i konturu, frakcję objętościową oparów dla czynnika chłodniczego R134a. W tym przypadku tworzenie się oparów rozpoczyna się przed 0,8 m w rurce kapilarnej. Bo w tym momencie temperatura spada. i zrobić punkt zapłonu. Rysunek 5.16 przedstawia czerwony obszar pomiędzy 0 a 0,8 m wzdłuż rurki kapilarnej, w której znajduje się czysty płynny czynnik chłodniczy, a niebieski obszar, w którym znajduje się płynny parowy czynnik chłodniczy.

Moje wyniki analizy numerycznej czynnika chłodniczego R134a frakcji objętościowej oparów są prawie podobne do danych doświadczalnych Liang et al.[32].

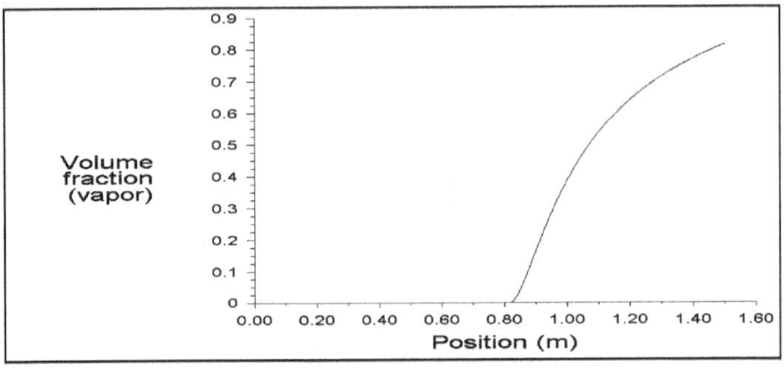

Rys. 5.17: Frakcja objętościowej pary wodnej w rurce kapilarnej dla mieszaniny czynników chłodniczych 50%R134a+50%R152a

Na rysunkach 5.17 i 5.18 pokazano zmiany frakcji objętościowej pary na wykresie i obrysie wzdłuż rurki kapilarnej dla czynnika chłodniczego R134a. W tym przypadku tworzenie się oparów rozpoczyna się po 0,8 m w rurce kapilarnej. Ponieważ w tym punkcie temperatura spada. i sprawiają, że temperatura zapłonu W tym przypadku zwiększyć frakcję objętościową pary w porównaniu do R134a.

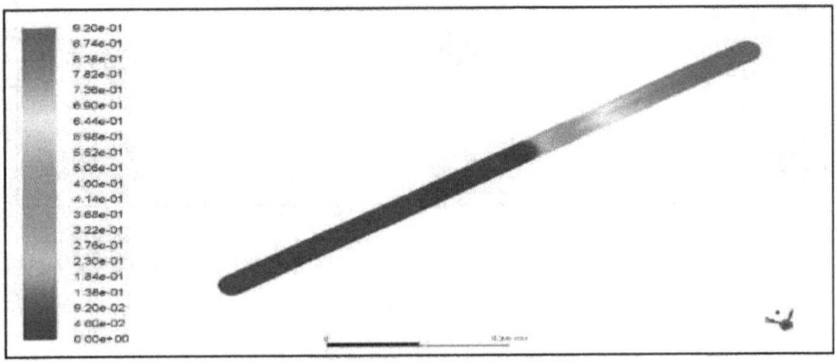

Rys. 5.18: Profil konturowy dystrybucji frakcji objętościowej par w rurze dla mieszanki czynników chłodniczych 50%R134a+50%R152a

Rysunek 5.18 przedstawia czerwony obszar od 0 do 0,8 m wzdłuż rurki kapilarnej, w której znajduje się czysty płynny czynnik chłodniczy, a niebieski obszar, w którym znajduje się płynny parowy czynnik chłodniczy.

Moje wyniki analizy numerycznej czynnika chłodniczego R134a+R152a frakcji objętościowej pary są lepsze niż dane z eksperymentu Liang i in.[32].

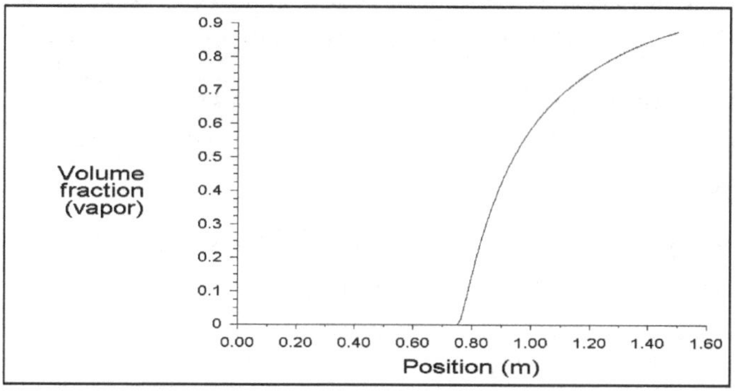

Rys. 5.19: Frakcja objętościowej pary wodnej w rurce kapilarnej dla nano-chłodziwa 80% (R134a+R152a) +20%Al2O3

Na rysunkach 5.19 i 5.20 przedstawiono zmiany wykresu i konturu frakcji objętościowej pary dla czynnika chłodniczego R134a+R152a+Al2O3. Ponieważ w tym punkcie temperatura spada. i sprawić, że punkt zapłonu w tym przypadku tworzenie się oparów rozpocznie się wcześnie przed 0,8 m w rurce kapilarnej. W tym przypadku należy zwiększyć frakcję objętościową pary w porównaniu z R134a i mieszaniną R134a+R152a.

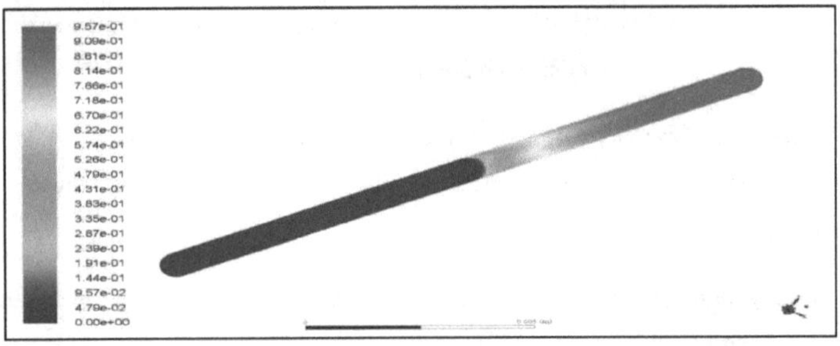

Rys. 5.20: Profil konturowy rozkładu frakcji objętościowej pary w rurze dla czynnika nano-chłodnikowego 80% (R143a+R152a)+20%Al2O3

Rysunek 5.20 przedstawia czerwony obszar od 0 do 0,9 m wzdłuż rurki kapilarnej, w której znajduje się czysty płynny czynnik chłodniczy, a niebieski obszar, w którym znajduje się nanoczynnik chłodniczy w postaci pary wodnej.

Moje wyniki analizy numerycznej czynnika chłodniczego R134a+R152a+R152a frakcji objętościowej oparów są lepsze od danych doświadczalnych Liang et al.[32].

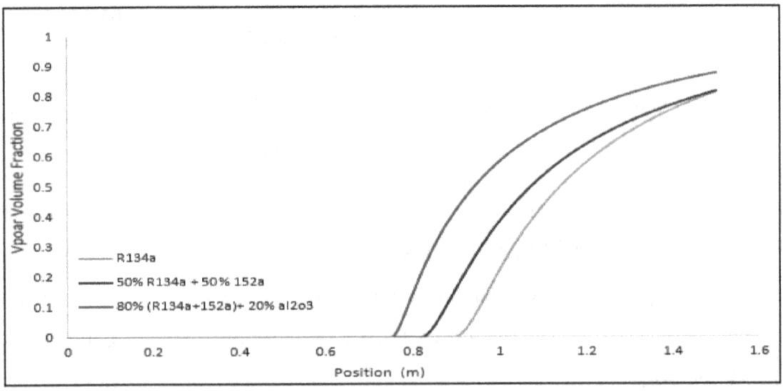

Rysunek 5.21: Zmiany porównawcze frakcji parowej

Rysunek 5.21 pokazuje porównawczą zmienność frakcji objętościowej oparów w miarę wzrostu długości. Tworzenie się oparów następuje we wczesnym stadium w przypadku nano-chłodni, czyli przed 0,8 m. Ponieważ w tym punkcie temperatura spada. i osiąga temperaturę zapłonu Przy 0,8 m tworzenie się oparów następuje w przypadku mieszaniny czynnika chłodniczego R134+R152a, a po 0,8 m w przypadku czynnika chłodniczego R134a. W przypadku nano czynnika chłodniczego sprawić, aby temperatura zapłonu była wcześniejsza niż w dwóch innych przypadkach, a następnie rozpocząć tworzenie się oparów wcześniej, więc spadek temperatury jest większy.

5.4 Zmiany w szybkości przenoszenia masy w rurce kapilarnej

Poniższe wyniki pokazują, w jaki sposób odbywa się przenoszenie masy z cieczy do pary. Wykresy i kontury pokazują zmiany w szybkości przenoszenia masy czynnika chłodniczego R134a, mieszaniny R134a+R152a oraz nano-czynnika chłodniczego R134a+R152a+Al2O3.

Tabela 5.4: Zmiany w szybkości przenoszenia masy w odniesieniu do długości

Szybkość transferu masy (Kg/m3-s)			
Lokalizacja (m)	**R134a**	**50%R134a+50%152a**	**80%(R134a+152a)+20%Al2O3**
0	0	0	0
0.1	0	0	0
0.2	0	0	0
0.3	0	0	0
0.4	0	0	0
0.5	0	0	0
0.6	0	0	0
0.7	0	0	5.20357
0.8	0	0	202.082
0.9	50.1803	272.988	260.075
1	364.396	360.412	298.961
1.1	470.505	423.509	342.747
1.2	585.549	491.542	393.975
1.3	730.302	570.758	453.404
1.4	913.146	671.247	526.773
1.5	1135.95	798.295	614.555

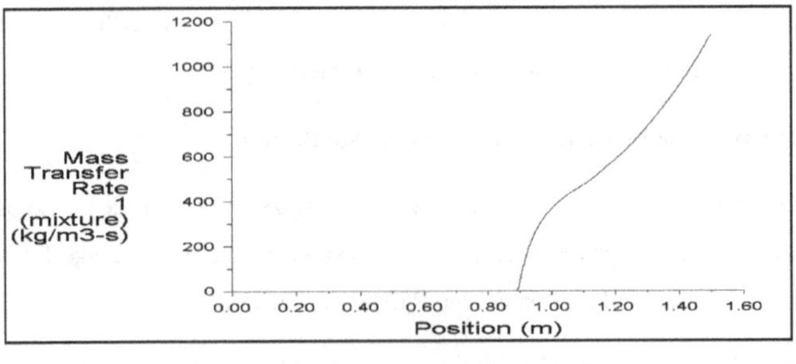

Rys. 5.22: Zmiany w szybkości transmisji masy czynnika chłodniczego R134a

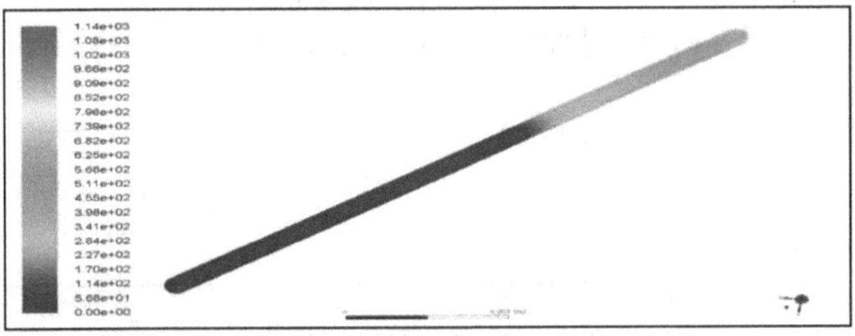

Rys. 5.23: Profil konturowy rozkładu natężenia przepływu masy w rurze dla czynnika chłodniczego R134a

Na rysunkach 5.22 i 5.23 pokazano zmiany w wykresie i konturze masowego natężenia przepływu dla (R143a+R152a). w tym przypadku masowe natężenie przepływu rozpoczyna się od ok. 0,9 m.

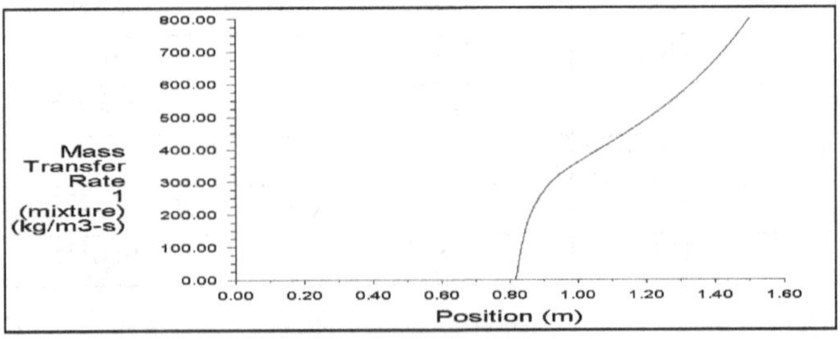

Rys. 5.24: Zmiany w szybkości przenoszenia masy mieszanki czynników chłodniczych 50% R134a+50%R152a

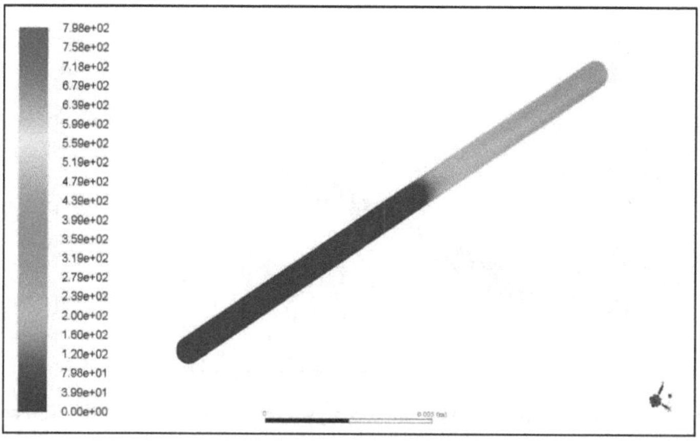

Rys. 5.25: Profil konturowy rozkładu natężenia przepływu masy w rurze dla mieszanki czynników chłodniczych 50%R134a+50%R152a

Na rysunkach 5.24 i 5.25 pokazano zmiany w wykresie i konturze masowego natężenia przepływu dla (R143a+R152a). w tym przypadku masowe natężenie przepływu rozpoczyna się od ok. 0,8 m.

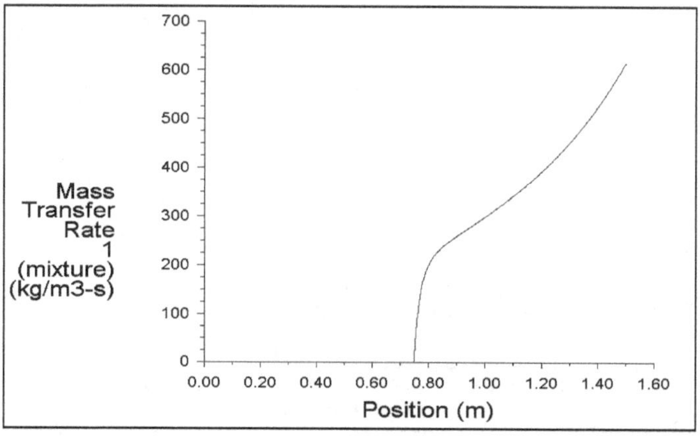

Rys. 5.26: Zmiany w szybkości przenoszenia masy dla nano-chłodnicy 80% (R134a+R152a)+20%Al2O3

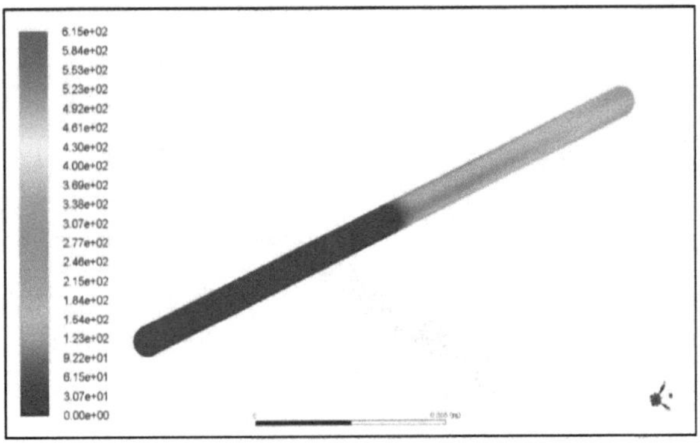

Rys. 5.27: Profil konturowy rozkładu natężenia przepływu masy w rurze kapilarnej dla nano-chłodnika 80%(R143a+R152a)+20%Al2O3

Rysunki 5.26 i 5.27 pokazują, że zmienność porównawcza wykresu i konturu masowego natężenia przepływu dla 80%(R143a+R152a)+20%Al2O3. W tym przypadku należy rozpocząć masowe natężenie przepływu od ok. 0,75 m.

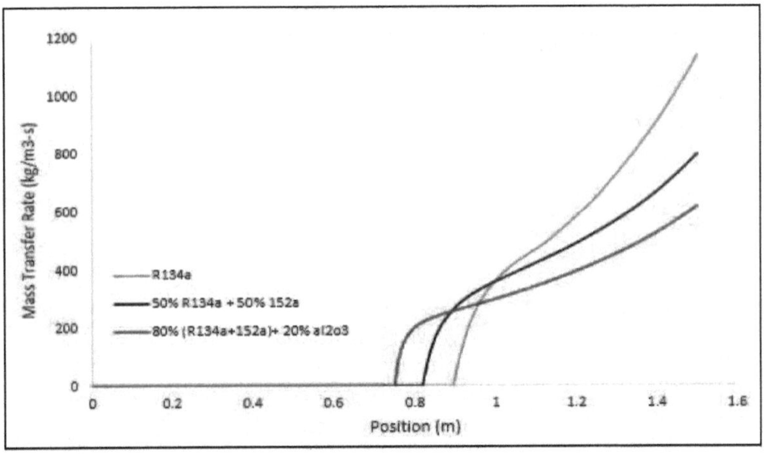

Rysunek 5.28: Porównawcza zmiana szybkości przesyłania masy

Na rysunku 5.28 pokazano porównawcze zmiany w wykresie masowego natężenia przepływu dla R134a, R134a+R152a i 80%(R143a+R152a)+20%Al2O3. Mówimy, że nano czynnik chłodniczy rozpoczyna przepływ masowy wcześniej niż inne i utrzymuje w przybliżeniu stałą wartość przepływu masowego przez rurkę kapilarną. Tak więc przepływ masy w przypadku nano czynnika chłodniczego rozpoczyna się wcześniej niż przenoszenie ciepła jest większe niż spadek temperatury.

Rozdział 6

PODSUMOWANIE I PRZYSZŁE PRACE

6.1 Wniosek

Modelowanie dwufazowego przepływu przez rurkę kapilarną zostało przeprowadzone przy użyciu jednorodnego podejścia do modelowania wraz z modelem odparowania i kondensacji opartym na mechanizmie przenoszenia masy. Wykorzystujemy warunki brzegowe ciśnienia wlotowego i wylotowego z adiabatycznej rurki kapilarnej. Mamy następujący wniosek:

- Zastosowanie nano-chłodnicy w rurze kapilarnej w celu znacznego zmniejszenia zużycia energii przez domowe układy chłodnicze.
- Użyliśmy mieszanki dwóch czynników chłodniczych R134a i R152a. Czynnik chłodniczy R134a nie jest przyjazny dla środowiska, ponieważ ma stosunkowo więcej ODP (prawie zero) i GWP (1360), a czynnik chłodniczy R152a jest przyjazny dla środowiska, ponieważ ma zerowy ODP i bardzo niski GWP (148). R152a jest bardziej łatwopalny, dlatego nie może być używany jako czysty czynnik chłodniczy. Musimy więc zmieszać go z innymi czynnikami chłodniczymi, aby obniżyć palność i zwiększyć wydajność chłodniczą, a także uczynić go akceptowalnym dla środowiska.
- Następnie zmieszaliśmy nanocząsteczki Al2O3 w mieszaninie R134a + R152a, a następnie wzięliśmy 20% Al2O3 i 80% R134a + R152a jako nano-chłodziwo do naszego numerycznego badania.
- Walidacja naszych wyników poprzez dane doświadczalne Chen et al oraz dane symulacyjne CFD Ingle et al.
- W przypadku nano czynnika chłodniczego wykonać punkt zapłonu wcześniej niż w dwóch innych przypadkach, a następnie rozpocząć tworzenie się pary wcześniej, więc temperatura i spadek ciśnienia jest więcej.

6.2Przyszła praca

- Prace doświadczalne mogą być wykonywane na dostępnej rurce kapilarnej przy użyciu jednorodnego dwufazowego przepływu przy użyciu czynnika nanohydraulicznego.
- Możemy również przyjmować różne kompozycje czynników chłodniczych.

- Można również stosować naturalne czynniki chłodnicze takie jak R600a (izobutan), R1270 (propylen), R1150 (etan/etylen), R170 (etan).

REFERENCJE

1. Harby K. "Węglowodory z ich mieszanin jako alternatywa dla nieprzyjaznych środowisku chlorowcowanych czynników chłodniczych: As updated overview", Renewable and sustainable energy reviews 73 (2017) 1247-1264.
2. Agrawal Mukesh K. i Matani Dr. Ashok G.; "Evaluation of vapour compression refrigeration system using different refrigerants", tom 2, wydanie 9, marzec 2013.
3. Lakhorkar vidya i borkar sulas, "Performance evaluation of domestic refrigerator using ecofriendly refrigerant:A review",e-ISSN: 2395-0095, p-ISSN: 2395-0072.
4. ISHRAE position paper on Refrigerants for Indian refrigeration and air conditioning industries, Volume 18, number 5, September-october 2015.
5. He mao-gang et al.(2005); " testing of the mixing refrigerants HFC152a/HFC125 in domestic refrigerator. 19 stycznia 2005.
6. Mahbubul I.M. et al. "thermal analysis of Al2o3/R134a nano-refrigerant, international journal Heat and mass transfer 85(2015) 1034-1040.
7. Dincer Ibrahim, "Refrigeration system and application", wydanie drugie, A john wiley and sons ltd., publikacja.
8. Arora, s.c. i Domkundwar, S., kurs z zakresu chłodnictwa i klimatyzacji, Dhanpat rai(P) Ltd., New delhi. Wydanie, 1997.
9. Choi s.u.s. i Eastman J.A.; "Enhancing thermal conductivity of fluids with nanooparticles", 11 stycznia 1995.
10. Fadhilah et al. "Nanocząstki tlenku miedzi dla zaawansowanych właściwości termofizycznych czynnika chłodniczego: modelowanie matematyczne", hindawi publishing corporation journal of nanoparticles, tom-2014, artykuł ID 890751, 5 stron.
11. Singh A.k.; "Przewodnictwo cieplne nanopłynów" tom 18, nie. 5, wrzesień 2008.
12. SivashanmugamP. "Application of Nanofluids in Heat Transfer", Department of Chemical Engineering, National Institute of Technology, Tiruchirappalli, India, http.//dx.doi.org/10.5772/52496.
13. Wong Kaufui V. i Leon Omar De "Applications of Nanofluids": Current and Future" Hindawi Publishing Corporation Advances in Mechanical Engineering Volume 2010, Article ID 519659.
14. Choi s.u.s.; "Nano fluid technology: current status and future research", 28 września 1999.
15. Kanthimathi tumuluri et al. "Enhancement of heat transfer by using nano-refrigerant", international journal of pure or applied mathematics, ISSN :1314-3395 volume 115, no. 7,2017.

16. Syed Fahad Anwer "Computational Methods in Engineering Applications" IIT Kanpur, 12-16 kwietnia 2016 r.
17. Coumaressin T i Palaniradja K., "Performance Analysis of a Refrigeration System Using Nano Fluid", International Journal of Advanced Mechanical Engineering. ISSN 2250-3234 Tom 4, Numer 4 (2014), s. 459-470.
18. Thangavel P. et al.; "Simulation Analysis of Compression Refrigeration Cycle with Different Refrigerants" ISSN: 2277-3754 ISO 9001:2008 Volume 2, Issue 10, April 2013.
19. Verma Ravi, Chaudhary Sharad "Analysis of Constant Pressure and Constant Area Mixing Ejector Expansion Refrigeration System using R-1270 as Refrigerant" e-ISSN: 2395 -0056 Volume: 04 Issue: 06 | June -2017.
20. R. Rakesh et al. "A Study on Enhancing COP in VCR by Providing Diffuser in between Condenser and Compressor" Energy and Power 2017, 7(5): 142-148 DOI: 10.5923/j.ep.20170705.04.
21. Baskaran A., Mathews P. Koshy, "Performance Comparison of Vapour Compression Compression Refrigeration System Using Eco Friendly Refrigerants of Low Global Warming Potential", ISSN 2250-3153.Volume 2, Issue 9, September 2012.
22. Morsi EI Mohamed "Exergy and energy analysis of LPG (liquefied petroleum gas) as a drop in replacement for R134a in domestic refrigerator"., Energia 86 (2015) 344-353, 27 maja 2005.
23. Qureshi M.Abuzar, Bhatt Shikha, "Comparative Analysis of Cop Using R134a & R600a Refrigerant in Domestic Refrigerator at Steady State Condition", International Journal of Science and Research (IJSR) ISSN (Online): 2319-7064.
24. Mahajan Rajanikant Y., Borikar Sanjay kumar A., "Performance Evaluation of Domestic Refrigerator Using Hc12a Refrigerant as an Alternative Refrigerant to R12 And R134a", The International Journal of Engineering And Science (IJES), Volume 3, Issue 10, Pages 26-37,2014.
25. Momin Adil F., Attal Manish H. "Experimental Analysis of Household Refrigerator Compatible with Phase Change Material, using R290/600a Blend as Refrigerant". International Journal of Engineering Trends and Technology (IJETT) - Volume-42 Number-4 - December 2016.
26. Baskaran A., Mathews P.Koshy "A Performance comparison of vapour compression refrigeration system using various alternative refrigerants. International Journal of Scientific & Engineering Research, ISSN 2229-5518Volume 3, Issue 10, October-2012.

27. Vazhappilly Christy V "Modelowanie i analiza eksperymentalna generatora w systemie chłodzenia z absorpcją oparów". Christy Vazhappilly et al. Int. Journal of Engineering Research and Application www.ijera.com Vol. 3, Issue 5, Sep-Oct 2013, s.63-67.
28. W. Eames, "Comparison Study of Isceon 49 (A Drop-in Replacement for R12) with R12 and R134a, International Refrigeration and Air Conditioning Conference. Papier 334.
29. Kanthimathi tumuluri et al. "Enhancement of heat transfer by using nano-refrigerant", international journal of pure or applied mathematics, ISSN :1314-3395 volume 115, no. 7,2017.
30. Kritsadathikarn Pakawat et al."Pressure Distribution of Refrigerant Flow in an Adiabatic Capillary Tube", ScienceAsia 28 (2002) : 71-76.
31. Abed Esam M., i Abdulkadhim Ammar, "Modelowanie zmiany fazy dla dwufazowego przepływu czynnika chłodniczego wewnątrz rurki kapilarnej w warunkach adiabatycznych", International Journal of Current Engineering and Technology E-ISSN 2277 - 4106, P-ISSN 2347 - 5161.
32. Liang S.M i Wong T.N; Modelowanie numeryczne dwufazowego przepływu czynnika chłodniczego przez adiabatyczne rury kapilarne, Technika cieplna 21 (2000) 1035-1048.
33. Z. Abdullah1, B. Phuoc Huynh i A. Idris, CFD-Simulation on the Effect of Heat-Pipes Attached to an Evaporator and Condenser of an Air-Cooled-Air-Conditioner, 20th Australasian Fluid Mechanics Conference Perth, Australia 5-8 December 2016.
34. Ingle, et al.; Modelowanie błysku w probówkach kapilarnych z zastosowaniem jednorodnej metody równowagi, Procedia IUTAM 15 (2015) 286 - 292.
35. Chen et al. "Metastable flow of R12 through capillary" Received April 1988; revised 25 July 1989, https://doi.org/10.1016/0140-7007(90)90073-6.
36. Chaudhary Sharad i singh raman. "Methods to Improve the Performance of VCR Cycles using R-1270 as Refrigerant" ; International Journal of Scientific and Research Publications, Volume 3, Issue 5, July 2015.
37. Ajayi Oluseyi O et. al, "CFD Analysis of Nanorefrigerant through Adiabatic Capillary Tube of Vapor Compression Refrigeration System", Procedia Manufacturing 7 (2017) 688-695.
38. David Anderson john, "Computational Fluid Dynamics. The Basics with Applications", ISBN: 9780070016859, McGraw-Hill,1995.
39. M. Mohanraj.et. al "Experimental investigation of R290/R600a mixture as an alternative to R134a in a domestic refrigerator"˘", International Journal of Thermal Sciences Vol.48, s. 1036-1042, (2009).

40. Saifi Mohd Salman, Jakhar Dr. O. P., "CFD Parametric Investigation for Two Phase Flow of Refrigerant R134a in Helical Coiled Adiabatic Capillary Tubes", International Journal of Innovative Research in Science, Engineering and Technology, Vol. 5, Issue 8, August 2016.
41. Chingulpitak Sukkarin i Wongwises Somchai "Dwufazowy model przepływu czynników chłodniczych przepływających przez spiralnie zwijane rury kapilarne" Stosowana technika cieplna 30 (2010) 1927e1936.
42. Phasing down R134a - aktualizacja Greg Picker, dyrektor wykonawczy RefrigerantsAustralia,https://futuregas.ac/automotive/2017/04/27/395/
43. ASHRAE Handbook-Fundamentals (SI), 2009, właściwości termofizyczne czynników chłodniczych
44. Darzi Milad et al. "Condensation of nano-refrigerant inside a horizontal tube", Physica B: Condensed Matter 537 (2018) 33-39 .
45. Panday pankaj i Agarwal Dr. Alka bani "Analiza wydajności instalacji lodowej z wykorzystaniem ekologicznych czynników chłodniczych" międzynarodowy magazyn zaawansowanych technologii i badań inżynieryjnych, 2009.
46. Zareh Masoud "Numerical simulation and experimental analysis of refrigerants flow through adiabatic helical capillary tube" international journal of refrigeration 38 (2014) 299e309.

47. Rozkład temperatury wzdłuż adiabatycznej rurki kapilarnej jest podany w poniższej tabeli:

48. HR = R134a+R152a

Lokalizacja	**HR**
0	305
0.001502	305
0.003003	305
0.004505	305
0.006006	305
0.007508	305
0.009009	305
0.010511	305
0.012012	305
0.013514	305
0.015015	305
0.016517	305
0.018018	305
0.01952	305
0.021021	305
0.022523	305
0.024024	305
0.025526	305
0.027027	305
0.028529	305
0.03003	305
0.031532	305
0.033033	305
0.034535	305
0.036036	305
0.037538	305
0.039039	305
0.040541	305
0.042042	305
0.043544	305
0.045045	305
0.046547	305
0.048048	305
0.04955	305
0.051051	305
0.052553	305
0.054054	305
0.055556	305
0.057057	305
0.058559	305
0.06006	305
0.061562	305
0.063063	305
0.064565	305
0.066066	305
0.067568	305
0.069069	305
0.070571	305
0.072072	305
0.073574	305
0.075075	305
0.076577	305
0.078078	305
0.07958	305
0.081081	305
0.082583	305
0.084084	305
0.085586	305
0.087087	305
0.088589	305
0.09009	305
0.091592	305
0.093093	305
0.094595	305
0.096096	305
0.097598	305
0.099099	305
0.100601	305
0.102102	305
0.103604	305
0.105105	305
0.106607	305
0.108108	305
0.10961	305
0.111111	305
0.112613	305
0.114114	305
0.115616	305
0.117117	305
0.118619	305
0.12012	305
0.121622	305
0.123123	305
0.124625	305
0.126126	305
0.127628	305
0.129129	305
0.130631	305
0.132132	305
0.133634	305
0.135135	305
0.136637	305
0.138138	305
0.13964	305
0.141141	305
0.142643	305
0.144144	305
0.145646	305
0.147147	305
0.148649	305
0.15015	305
0.151652	305
0.153153	305
0.154655	305
0.156156	305
0.157658	305
0.159159	305
0.160661	305
0.162162	305
0.163664	305
0.165165	305
0.166667	305
0.168168	305
0.16967	305
0.171171	305
0.172673	305
0.174174	305
0.175676	305
0.177177	305
0.178679	305
0.18018	305
0.181682	305
0.183183	305
0.184685	305
0.186186	305
0.187688	305
0.189189	305
0.190691	305
0.192192	305
0.193694	305
0.195195	305
0.196697	305
0.198198	305
0.1997	305
0.201201	305
0.202703	305
0.204204	305
0.205706	305
0.207207	305
0.208709	305
0.21021	305
0.211712	305
0.213213	305
0.214715	305
0.216216	305
0.217718	305
0.219219	305
0.220721	305
0.222222	305
0.223724	305
0.225225	305
0.226727	305
0.228228	305
0.22973	305
0.231231	305
0.232733	305
0.234234	305
0.235736	305
0.237237	305
0.238739	305
0.24024	305

0.241742	305	0.310811	305	0.37988	305	0.448949	305
0.243243	305	0.312312	305	0.381381	305	0.45045	305
0.244745	305	0.313814	305	0.382883	305	0.451952	305
0.246246	305	0.315315	305	0.384384	305	0.453453	305
0.247748	305	0.316817	305	0.385886	305	0.454955	305
0.249249	305	0.318318	305	0.387387	305	0.456456	305
0.250751	305	0.31982	305	0.388889	305	0.457958	305
0.252252	305	0.321321	305	0.39039	305	0.459459	305
0.253754	305	0.322823	305	0.391892	305	0.460961	305
0.255255	305	0.324324	305	0.393393	305	0.462462	305
0.256757	305	0.325826	305	0.394895	305	0.463964	305
0.258258	305	0.327327	305	0.396396	305	0.465465	305
0.25976	305	0.328829	305	0.397898	305	0.466967	305
0.261261	305	0.33033	305	0.399399	305	0.468468	305
0.262763	305	0.331832	305	0.400901	305	0.46997	305
0.264264	305	0.333333	305	0.402402	305	0.471471	305
0.265766	305	0.334835	305	0.403904	305	0.472973	305
0.267267	305	0.336336	305	0.405405	305	0.474474	305
0.268769	305	0.337838	305	0.406907	305	0.475976	305
0.27027	305	0.339339	305	0.408408	305	0.477477	305
0.271772	305	0.340841	305	0.40991	305	0.478979	305
0.273273	305	0.342342	305	0.411411	305	0.48048	305
0.274775	305	0.343844	305	0.412913	305	0.481982	305
0.276276	305	0.345345	305	0.414414	305	0.483483	305
0.277778	305	0.346847	305	0.415916	305	0.484985	305
0.279279	305	0.348348	305	0.417417	305	0.486486	305
0.280781	305	0.34985	305	0.418919	305	0.487988	305
0.282282	305	0.351351	305	0.42042	305	0.489489	305
0.283784	305	0.352853	305	0.421922	305	0.490991	305
0.285285	305	0.354354	305	0.423423	305	0.492492	305
0.286787	305	0.355856	305	0.424925	305	0.493994	305
0.288288	305	0.357357	305	0.426426	305	0.495495	305
0.28979	305	0.358859	305	0.427928	305	0.496997	305
0.291291	305	0.36036	305	0.429429	305	0.498498	305
0.292793	305	0.361862	305	0.430931	305	0.5	305
0.294294	305	0.363363	305	0.432432	305	0.501502	305
0.295796	305	0.364865	305	0.433934	305	0.503003	305
0.297297	305	0.366366	305	0.435435	305	0.504505	305
0.298799	305	0.367868	305	0.436937	305	0.506006	305
0.3003	305	0.369369	305	0.438438	305	0.507508	305
0.301802	305	0.370871	305	0.43994	305	0.509009	305
0.303303	305	0.372372	305	0.441441	305	0.510511	305
0.304805	305	0.373874	305	0.442943	305	0.512012	305
0.306306	305	0.375375	305	0.444444	305	0.513514	305
0.307808	305	0.376877	305	0.445946	305	0.515015	305
0.309309	305	0.378378	305	0.447447	305	0.516517	305

0.518018	305
0.51952	305
0.521021	304.999
0.522523	304.999
0.524024	304.999
0.525526	304.999
0.527027	304.999
0.528529	304.998
0.53003	304.998
0.531532	304.997
0.533033	304.997
0.534535	304.996
0.536036	304.996
0.537538	304.995
0.539039	304.994
0.540541	304.993
0.542042	304.993
0.543544	304.992
0.545045	304.991
0.546547	304.99
0.548048	304.988
0.54955	304.987
0.551051	304.986
0.552553	304.985
0.554054	304.984
0.555556	304.982
0.557057	304.981
0.558559	304.98
0.56006	304.978

0.561562	304.977
0.563063	304.975
0.564565	304.974
0.566066	304.972
0.567568	304.97
0.569069	304.969
0.570571	304.967
0.572072	304.965
0.573574	304.964
0.575075	304.962
0.576577	304.96
0.578078	304.958
0.57958	304.956
0.581081	304.954
0.582583	304.952
0.584084	304.95
0.585586	304.948
0.587087	304.946
0.588589	304.944
0.59009	304.942
0.591592	304.94
0.593093	304.937
0.594595	304.935
0.596096	304.933
0.597598	304.93
0.599099	304.928
0.600601	304.925
0.602102	304.923
0.603604	304.92
0.605105	304.918

0.606607	304.915
0.608108	304.912
0.60961	304.91
0.611111	304.907
0.612613	304.904
0.614114	304.902
0.615616	304.899
0.617117	304.896
0.618619	304.893
0.62012	304.891
0.621622	304.888
0.623123	304.885
0.624625	304.882
0.626126	304.879
0.627628	304.876
0.629129	304.873
0.630631	304.87
0.632132	304.867
0.633634	304.864
0.635135	304.86
0.636637	304.857
0.638138	304.853
0.63964	304.85
0.641141	304.846
0.642643	304.843
0.644144	304.839
0.645646	304.835
0.647147	304.831
0.648649	304.827

0.65015	304.822
0.651652	304.818
0.653153	304.814
0.654655	304.809
0.656156	304.805
0.657658	304.8
0.659159	304.795
0.660661	304.791
0.662162	304.786
0.663664	304.781
0.665165	304.776
0.666667	304.771
0.668168	304.766
0.66967	304.761
0.671171	304.757
0.672673	304.752
0.674174	304.747
0.675676	304.742
0.677177	304.737
0.678679	304.732
0.68018	304.728
0.681682	304.723
0.683183	304.719
0.684685	304.714
0.686186	304.71
0.687688	304.706
0.689189	304.702
0.690691	304.698
0.692192	304.69

	4
0.693694	304.69
0.695195	304.687
0.696697	304.683
0.698198	304.68
0.6997	304.677
0.701201	304.674
0.702703	304.671
0.704204	304.668
0.705706	304.666
0.707207	304.663
0.708709	304.661
0.71021	304.659
0.711712	304.657
0.713213	304.655
0.714715	304.653
0.716216	304.652
0.717718	304.651
0.719219	304.649
0.720721	304.648
0.722222	304.647
0.723724	304.646
0.725225	304.645
0.726727	304.645
0.728228	304.644
0.72973	304.644
0.731231	304.643
0.732733	304.643
0.734234	304.643

0.735736	304.642
0.737237	304.642
0.738739	304.642
0.74024	304.641
0.741742	304.641
0.743243	304.641
0.744745	304.641
0.746246	304.641
0.747748	304.64
0.749249	304.64
0.750751	304.64
0.752252	304.64
0.753754	304.639
0.753754	304.639
0.755255	304.639
0.756757	304.639
0.758258	304.639
0.75976	304.639
0.761261	304.639
0.762763	304.639
0.764264	304.639
0.765766	304.639
0.767267	304.639
0.768769	304.64
0.77027	304.64
0.771772	304.64
0.773273	304.64
0.774775	304.641
0.776276	304.641
0.777778	304.642
0.779279	304.642

0.780781	304.643
0.782282	304.643
0.783784	304.644
0.785285	304.645
0.786787	304.645
0.788288	304.646
0.78979	304.647
0.791291	304.648
0.792793	304.648
0.794294	304.649
0.795796	304.65
0.797297	304.651
0.798799	304.652
0.8003	304.653
0.801802	304.653
0.803303	304.654
0.804805	304.655
0.806306	304.656
0.807808	304.657
0.809309	304.658
0.810811	304.659
0.812312	304.66
0.813814	304.661
0.815315	304.663
0.816817	304.664
0.818318	304.665
0.81982	304.666
0.821321	304.666
0.822823	304.66

	5
0.824324	304.664
0.825826	304.662
0.827327	304.659
0.828829	304.656
0.83033	304.652
0.831832	304.647
0.833333	304.642
0.834835	304.636
0.836336	304.63
0.837838	304.623
0.839339	304.615
0.840841	304.607
0.842342	304.598
0.843844	304.589
0.845345	304.579
0.846847	304.569
0.848348	304.558
0.84985	304.547
0.851351	304.536
0.852853	304.524
0.854354	304.512
0.855856	304.499
0.857357	304.486
0.858859	304.473
0.86036	304.46
0.861862	304.446
0.863363	304.432
0.864865	304.418

0.866366	304.403
0.867868	304.388
0.869369	304.373
0.870871	304.358
0.872372	304.343
0.873874	304.327
0.875375	304.311
0.876877	304.296
0.878378	304.279
0.87988	304.263
0.881381	304.247
0.882883	304.23
0.884384	304.214
0.885886	304.197
0.887387	304.18
0.888889	304.163
0.89039	304.146
0.891892	304.128
0.893393	304.111
0.894895	304.093
0.896396	304.076
0.897898	304.058
0.899399	304.04
0.900901	304.022
0.902402	304.004
0.903904	303.985
0.905405	303.967
0.906907	303.948
0.908408	303.93

0.90991	303.911
0.911411	303.892
0.912913	303.873
0.914414	303.854
0.915916	303.835
0.917417	303.816
0.918919	303.796
0.92042	303.777
0.921922	303.757
0.923423	303.737
0.924925	303.717
0.926426	303.698
0.927928	303.678
0.929429	303.657
0.930931	303.637
0.932432	303.617
0.933934	303.596
0.935435	303.576
0.936937	303.555
0.938438	303.535
0.93994	303.514
0.941441	303.493
0.942943	303.472
0.944444	303.451
0.945946	303.43
0.947447	303.409
0.948949	303.388
0.95045	303.367

0.951952	303.345
0.953453	303.324
0.954955	303.302
0.956456	303.281
0.957958	303.259
0.959459	303.237
0.960961	303.215
0.962462	303.194
0.963964	303.172
0.965465	303.15
0.966967	303.128
0.968468	303.105
0.96997	303.083
0.971471	303.061
0.972973	303.039
0.974474	303.016
0.975976	302.994
0.977477	302.971
0.978979	302.949
0.98048	302.926
0.981982	302.903
0.983483	302.881
0.984985	302.858
0.986486	302.835
0.987988	302.812
0.989489	302.789
0.990991	302.766
0.992492	302.743

0.993994	302.719
0.995495	302.696
0.996997	302.673
0.998498	302.649
1	302.626
1.0015	302.603
1.003	302.579
1.0045	302.555
1.00601	302.532
1.00751	302.508
1.00901	302.484
1.01051	302.46
1.01201	302.436
1.01351	302.412
1.01502	302.388
1.01652	302.364
1.01802	302.34
1.01952	302.316
1.02102	302.292
1.02252	302.267
1.02402	302.243
1.02553	302.218
1.02703	302.194
1.02853	302.169
1.03003	302.145
1.03153	302.12
1.03303	302.095
1.03453	302.07
1.03604	302.045

1.03754	302.021
1.03904	301.996
1.04054	301.97
1.04204	301.945
1.04354	301.92
1.04505	301.895
1.04655	301.87
1.04805	301.844
1.04955	301.819
1.05105	301.793
1.05255	301.768
1.05405	301.742
1.05556	301.717
1.05706	301.691
1.05856	301.665
1.06006	301.639
1.06156	301.613
1.06306	301.587
1.06456	301.561
1.06607	301.535
1.06757	301.509
1.06907	301.483
1.07057	301.457
1.07207	301.43
1.07357	301.404
1.07508	301.377
1.07658	301.351
1.07808	301.324
1.07958	301.298
1.08108	301.271
1.08258	301.244
1.08408	301.217
1.08559	301.19
1.08709	301.163
1.08859	301.136
1.09009	301.109
1.09159	301.082
1.09309	301.055
1.09459	301.027
1.0961	301
1.0976	300.973
1.0991	300.945
1.1006	300.918
1.1021	300.89
1.1036	300.862
1.10511	300.835
1.10661	300.807
1.10811	300.779
1.10961	300.751
1.11111	300.723
1.11261	300.695
1.11411	300.667
1.11562	300.638
1.11712	300.61
1.11862	300.582
1.12012	300.553
1.12162	300.525
1.12312	300.496
1.12462	300.468
1.12613	300.439
1.12763	300.41
1.12913	300.381
1.13063	300.352
1.13213	300.323
1.13363	300.294
1.13514	300.265
1.13664	300.236
1.13814	300.207
1.13964	300.177
1.14114	300.148
1.14264	300.119
1.14414	300.089
1.14565	300.059
1.14715	300.03
1.14865	300
1.15015	299.97
1.15165	299.94
1.15315	299.91
1.15465	299.88
1.15616	299.85
1.15766	299.82
1.15916	299.789
1.16066	299.759
1.16216	299.728
1.16366	299.698
1.16517	299.667
1.16667	299.637
1.16817	299.606
1.16967	299.575
1.17117	299.544
1.17267	299.513
1.17417	299.482
1.17568	299.451
1.17718	299.42
1.17868	299.388
1.18018	299.357
1.18168	299.326
1.18318	299.294
1.18468	299.262
1.18619	299.231
1.18769	299.199
1.18919	299.167
1.19069	299.135
1.19219	299.103
1.19369	299.071
1.1952	299.039
1.1967	299.007
1.1982	298.974
1.1997	298.942
1.2012	298.909
1.2027	298.877
1.2042	298.844
1.20571	298.811
1.20721	298.778
1.20871	298.745
1.21021	298.712
1.21171	298.679

1.21321	298.646
1.21471	298.613
1.21622	298.58
1.21772	298.546
1.21922	298.513
1.22072	298.479
1.22222	298.445
1.22372	298.411
1.22523	298.378
1.22673	298.344
1.22823	298.309
1.22973	298.275
1.23123	298.241
1.23273	298.207
1.23423	298.172
1.23574	298.138
1.23724	298.103
1.23874	298.069
1.24024	298.034
1.24174	297.999
1.24324	297.964
1.24474	297.929
1.24625	297.894
1.24775	297.859
1.24925	297.823
1.25075	297.788
1.25225	297.752
1.25375	297.717

1.25526	297.681
1.25676	297.645
1.25826	297.609
1.25976	297.573
1.26126	297.537
1.26276	297.501
1.26426	297.465
1.26577	297.429
1.26727	297.392
1.26877	297.356
1.27027	297.319
1.27177	297.282
1.27327	297.245
1.27477	297.209
1.27628	297.172
1.27778	297.134
1.27928	297.097
1.28078	297.06
1.28228	297.022
1.28378	296.985
1.28529	296.947
1.28679	296.91
1.28829	296.872
1.28979	296.834
1.29129	296.796
1.29279	296.758
1.29429	296.72
1.2958	296.681
1.2973	296.643

1.2988	296.604
1.3003	296.566
1.3018	296.527
1.3033	296.488
1.3048	296.449
1.30631	296.41
1.30781	296.371
1.30931	296.332
1.31081	296.293
1.31231	296.253
1.31381	296.214
1.31532	296.174
1.31682	296.134
1.31832	296.094
1.31982	296.054
1.32132	296.014
1.32282	295.974
1.32432	295.934
1.32583	295.893
1.32733	295.853
1.32883	295.812
1.33033	295.772
1.33183	295.731
1.33333	295.69
1.33483	295.649
1.33634	295.608
1.33784	295.566
1.33934	295.525
1.34084	295.48

	4
1.34234	295.442
1.34384	295.4
1.34535	295.359
1.34685	295.317
1.34835	295.275
1.34985	295.233
1.35135	295.191
1.35285	295.148
1.35435	295.106
1.35586	295.063
1.35736	295.021
1.35886	294.978
1.36036	294.935
1.36186	294.892
1.36336	294.849
1.36486	294.806
1.36637	294.763
1.36787	294.719
1.36937	294.676
1.37087	294.632
1.37237	294.589
1.37387	294.545
1.37538	294.501
1.37688	294.457
1.37838	294.413
1.37988	294.369
1.38138	294.324
1.38288	294.28

1.38438	294.235
1.38589	294.19
1.38739	294.146
1.38889	294.101
1.39039	294.056
1.39189	294.011
1.39339	293.965
1.39489	293.92
1.3964	293.874
1.3979	293.829
1.3994	293.783
1.4009	293.737
1.4024	293.691
1.4039	293.645
1.40541	293.599
1.40691	293.553
1.40841	293.507
1.40991	293.46
1.41141	293.414
1.41291	293.367

49.

1.41441	293.32
1.41592	293.273
1.41742	293.226
1.41892	293.179
1.42042	293.132
1.42192	293.084
1.42342	293.037
1.42492	292.989
1.42643	292.941
1.42793	292.893
1.42943	292.845
1.43093	292.797
1.43243	292.749
1.43393	292.701
1.43544	292.652
1.43694	292.604
1.43844	292.555
1.43994	292.506
1.44144	292.457

1.44294	292.408
1.44444	292.359
1.44595	292.31
1.44745	292.26
1.44895	292.211
1.45045	292.161
1.45195	292.111
1.45345	292.061
1.45495	292.012
1.45646	291.961
1.45796	291.911
1.45946	291.861
1.46096	291.81
1.46246	291.76
1.46396	291.709
1.46547	291.658
1.46697	291.607
1.46847	291.556
1.46997	291.505
1.47147	291.454

1.47297	291.403
1.47447	291.351
1.47598	291.299
1.47748	291.248
1.47898	291.196
1.48048	291.144
1.48198	291.091
1.48348	291.039
1.48498	290.987
1.48649	290.934
1.48799	290.882
1.48949	290.829
1.49099	290.776
1.49249	290.723
1.49399	290.67
1.4955	290.616
1.497	290.565
1.4985	290.499
1.5	290.459

FSC
www.fsc.org
MIX
Papier | Fördert
gute Waldnutzung
FSC® C083411

Kolibri 360 GmbH
Ferdinand-Jühlke-Straße 7
99095 Erfurt, Deutschland
produktsicherheit@kolibri360.de

Druck:
CPI Druckdienstleistungen GmbH
im Auftrag der
Kolibri 360 GmbH
Ferdinand-Jühlke-Str. 7
99095 Erfurt